エッセイ集

物理村の風景

人・物理・巨人・追想をちりばめた宝石箱

亀淵　迪
Susumu Kamefuchi

日本評論社

序に代えて

本書は一応「エッセイ集」と称してはいるが、形質雑多な文章が並列し、いわゆるエッセイらしからぬものも多々あるかと思う。しかし、エッセイなる語はもと試みの謂だったようであり、この原義に解して戴ければまことに有難い――何分にも本書は自己流に試みた文章の書(掻)き集めだからである。

はじめに少々自己紹介を試みる。私は〝無レ能亦是也庵《nonagenarian》〟と号する老人であり、未だすべてに旧式なのである。まず原稿は規定の用紙に鉛筆で書く(実は0.5ミリ芯のシャープペンシルであるが)。つまり進歩的老人のように打つことが出来ないのである。このように古い遣り方に固執しているのは、若い頃かのイギリスに五年近く滞在し、〝古いものは良い、より古いものはなお良い〟ということを散々叩き込まれた所為《せい》である――と堅く信じている。

何分にもヴィクトリア女王時代のペニー銅貨が磨り減って薄くなり、外縁がもはや満月状ではなく、だいぶ欠けている、そういう代物が私の滞在した前世紀中頃にもなお通用していたお国柄である——早くも脱線してしまったが軌道に戻る。

そのためか、手書き原稿が他者によって活字化されると、この上もなく嬉しくなる。さらに、それが印刷されて届けられると、これは適当な査読者による検閲を通過したものと一方的に解釈し、一応の完成品として「褜稿《ザッ》」と背書きをしたファイルに仕舞い込む。

因みに褜とは雑の同字らしいが、衣偏なので〝五采（彩）の衣の取り合わせ〟を意味すると、以前どこかで読んだことがあり、この方がいささか粋かとつい思ったからである。もっとも、ファイルの実体は名称とは裏腹の代物なのであるが。

私にはまた、面白いアイディアを見付けて興奮したり、特異な体験をして緊張したような場合、それらを文章化すると事畢れりとして安堵する、という性向がある。それやこれやでファイルの文章は徐々に累積し、現在は十冊近くになっている。

そこから選んだ三十数篇に、未査読、つまり書き下し若干を加えたものが本書の内容である。何分にも全体が雑稿集なので、全体から抽出した部分もまた、次に述べるように雑的なのである。

まず長短さまざまである。また執筆時も長期に亘りまちまちである。ために古い文章も混入しており、時代感覚のずれが気になる点が多々あるかと思うが、何とぞご容赦の程を願いたい。その釈明を兼ねて、各文末に執筆年を記入しておいた。

内容については、職業柄、物理（屋）についてのものが比較的に多いが、全体的には矢張り雑である。始めからエッセイを志向して書いたものもあれば、個人的に懐しい経験や、記録として残しておきたい出来事を文章化したものもある。真面目なものもあれば、冗談半分から八分に及ぶものもある。

このような雑稿集ではあるが、便宜上、四部に分類しておいた。第Ⅰ部には、ある程度エッセイ仕様のものを集めてある。やや物理色の濃いものは第Ⅱ部として分けておいた。第Ⅲ部は、言葉のあらゆる意味において偉大だった二人の巨人についての体験談である。九十余年の人生において、このような大人物に出会う機会を得たことは、まことに幸運だったと言う他はない。これはまた私の青春記だとも言える。最後の第Ⅳ部は、身近だった人々に対する思い出に当てた。

右のような四部は、このたび、この雑稿集に着せ掛けた私なりの四采の衣である。

二〇二〇年九月

著者識す

目次

第I部

人・ひと・ひとあい

中谷先生の講演

「中谷宇吉郎先生は、私たちの郷里の大先輩である。」「中谷宇吉郎先生の、私は孫弟子である。」そして、この二つの「……」を結びつける契機となったのが、表題の「中谷先生の講演」であった。ここで、第一の「……」が天下公認の事実であるのに対し、その第二は——冒頭から私事にわたって恐縮であるが——まったく個人的な、ためらいがちの呟きに過ぎない。私が不肖の孫弟子であることはしばし措くとしても、子弟子と孫弟子との親族関係が、一親等というには、いささか弱すぎると感じているからである。さきに進むまえに、このことを取りあえずお断りしておく。

中谷先生は明治三三年、石川県江沼郡作見村字片山津（現加賀市）の生れ。そして中学は、隣りの小松町（現小松市）にあった小松中学校（現小松高校）へと進んだ。おそらくこれが、自宅からもっとも近い中学校だったからであろう。他方、私自身も先生とまったく同じ理由から小松中学を選んだのであり、結果的に「先生は中学の大先輩でもある」こととなった。

中学在学中に、二、三度先生にお目にかかる機会があった。と言っても、それは先生との一対一の面会ではなく、先生を中心とする集会で、その末席に控えていたに過ぎない。夏休みで小松の下宿から自宅に帰っていると、「中谷先生が墓参のため帰省された。先生を囲む会を開くから、某日某時、R町のT喫茶店に集まれ」などといった連絡がきたものである。しかしこうした集会で、どのようなことが話し合われたのかについては、いっさい記憶にない――ただし中学における「中谷先生の講演」は別として、である。

さて、主題に入るまえに――その序曲として――同じく小松中学で行われた、もう一つの講演会について触れておかねばならない。ときは大正六年十月二十七日（土）、講師は「緯度変化のZ項」の発見で世界的に知られた天文学者木村栄《ひさし》博士（石川県出身、文化勲章受章者）。聴講者の中には、五年生の中谷少年も含まれていた。

当時の中学校長は妹尾盛親《せのおもりちか》、東大史学科の出身で、相当な豪傑だったらしい。講堂に「質実」「剛健」の額を掲げ、生徒に武士道精神を説いたと伝えられる（「小松高等学校百年史」）。この校長が、講師紹介のあと、天下の大学者に対して、次のような注文をつけたのである。曰く「相手が子供だからといって、手抜きなどしないで頂きたい。少し難しくても構わないから、学問的にきちんとした話をしてほしい」と。これに応じて木村博士も「それでは私のよく知っているZ項について詳しく話しましょう」、ということで講演は始まった。

この出来事が、理科志向の中谷少年に深い感銘を与えたであろうことは、疑うべくもない。事実、後年の随筆などにも、しばしばこのことが語られている（例えば「私の少年時代」）。

ちなみに私の伯父（石堂清倫）も、この木村講演については、よく覚えている。中学の一年生として、五年生の中谷少年とともに聴講したことになる。「木村博士は、黒板に高等数学の式をずらずらと書いて、私などにはまったくちんぷんかんぷんだったが、中谷さんあたりは、よく分っていたことだろう」とは、伯父の述懐である。ところで、この木村講演の報告を校内誌に書くように、と命ぜられたのが中谷少年だったとか。ご本人によると、講演はやはり難解であり、いろいろな本を参考にして、何とか報告をまとめたとの由。

さて主題の、中谷先生ご自身による講演に移ろう。昭和十七年六月八日（月）、中学講堂に集められた全校生徒に対して行われ、三年生の私もその中の一人であった。講演は、かの木村講演の想い出から始められた。そして「私も木村博士の例に倣って、専門の雪の話をいたします。分りやすくするために、事実をいたずらに簡単にしたり、歪めたりはしないつもりです」とした上で、雪の結晶の写真をスライドで示しながら、「水の物理学」について講じたのであった。

講演の学問的な内容については、ほとんど記憶にない。しかし、先生の以下のような言葉が、いまなお私の脳裡に焼きついている。

「甲という人がある研究を五年間で終え、乙という人は同じ研究を十年経ってもまだ続けている、としましょう。この場合に、乙は甲より頭が悪いんだ、などと考えてはいけません。皆さんは、きっと、水は零度で凍ると思っているでしょうが、零度以下になっても凍らない場合もあるのです。ごくありふれた水のようなものでも、調べれば調べるほど分らないことが出てきます。研究とは、こういうものなのです。」

この言葉は、私にとってまったくの驚きであった。先生の説く物理学が、学校で教わっている教科書物理学とは、どうやらかなり違うもののようだ。生きた物理学とは、小綺麗にまとまった、閉じた構造のものではなく、新しい可能性を限りなく秘めた、開いた構造をしているらしい——こういったことを、このとき私は、子供なりに理解したと思う。

先生の言葉はまた、理科志望の田舎中学生に対し、勇気と希望を与えるものでもあった。ひと一倍に努力することさえ厭わなければ、たとえ頭がよくなくても、何かよい研究ができるかもしれない、と思わせたからである。

中谷先生の、北海道大学における最初のお弟子さん——子弟子——の一人が、これまた小松中学出身の関戸弥太郎先生である。郷里の先輩を頼って北大の物理学科へと進み、中谷先生の雪の研究に協力した。実際、雪の結晶を初めて人工的に作ったのは関戸先生である、と言われている。低温実験室の中で結晶作りに悪戦苦闘中のある日、ふと思いついて、着ていた兎皮の外套(あるいは帽子だったか)から毛を一本抜いて装置に入れたところ、その先端に結晶ができた、との由である。

その後関戸先生は、東京の理研（理化学研究所）仁科研究室に入り、仁科芳雄博士のもとで宇宙線の実験的研究を始めた。今日学界では、わが国における宇宙線研究の草分けの一人として知られている。

私が中学四年生になったばかりの頃、正確には昭和十八年四月十日（土）、この関戸先生が中学を訪れて講演した。当時としてはたいへん珍しいガイガー計数管《カウンター》で放射線の検出をしてみせたり、ウィルソン霧箱《チェンバー》による宇宙線粒子の写真を示したりしながらの、「原子物理学」入門講義であった。

とくに、この霧箱写真の分析から、電子や中間子などの性質が精密に算出できるという事実に、私は鮮烈な驚きを覚えた。そしてこのような、常識をはるかに超えた極微の世界にまで、人知が及びうるのだという事実に、ひたすら感動した。

話は少しそれるが、「原子」という言葉は——今日では使いふるされ、うらぶれてしまった感じであるが——当時の中学生にとっては、この上もなく新鮮で、力強い響きをもっていた。その背後に、未知の不思議な世界が広がるのを予感したからである。何分にも、原子の力学である「量子力学」が完成してからわずか十数年、そして私たち自身も同じく十数歳だった——そういう時期のことである。今日の科学で、これに相当する言葉を求めるとすれば、さしずめ「遺伝子」であろうか。

いまにして思えば、この理科少年は、中谷講演によって物理学へ、そして関戸講演によって、とくに原子物理学へと誘《いざな》われたのであった。そして二人の先輩に倣い、私も金沢にあった四高（旧制第四高等学校）理科甲類に入学した。

昭和二十年、終戦の年の春、関戸先生率いる理研「宇宙線実験室」が、戦禍を避け東京から金沢医大（現金沢大学医学部）へ疎開してきた。当時四高二年生になったばかりの私たち二十名は、勤労動員として、この実験室に派遣された。しかし間もなく八月、市郊外への再疎開の最中に、終戦となってしまう。心待ちにしていた実験再開が果されなかったのは残念であったが、しかし、私の孫弟子への道は、このようにして開けることとなった。

戦後、関戸先生は名古屋大学に教授として赴任。数年後、私も「宇宙線をやりたいのなら、名古屋にいらっしゃい」との先生の勧めに従い、同大学の物理学科へと進学した。入学早々から先生の「宇宙線研究室」に出入りし、孫弟子気分で研究室の雰囲気を楽しんでいた。

しかしながら、大学も二年生になる頃から、この孫弟子気分にさざ波が立ってきた。お隣りの、坂田昌一教授率いる「素粒子論研究室」に魅力を感じ始めたからである。実際、当時のわが国素粒子論は、まさに黄金時代にあり、湯川（秀樹）・朝永（振一郎）・坂田三博士を中心に、世界の学界をリードしていた。湯川ノーベル賞（昭和二四年）は、その象徴的事件である。

ところで、旧制度の大学では、三年生（最終学年）になると卒業研究のため、それぞれ研究室に配属されることになっていた。この研究室選択は、私にとって大問題であったが、いろいろと悩んだ末、一つの妥協策を思いついた。関戸先生のところに赴き、「私は宇宙線の理論をやりたいので、まず素粒子論研究室で、その基礎を勉強します」と告げ、そしてそのとおり実行したのである。

新しい研究室での研究は活気にあふれ、各研究グループが互いに競いあって、まことに刺戟的であった。そして私の関心は、徐々に宇宙線現象論から離れ、純粋理論へと移って行った。卒業論文を書いたのちも——そして現在に到るまでも——結局、私は宇宙線実験学へと帰ることはなかった。「実験」から「理論」への転向である。孫弟子たることを、自ら途中で放棄したのであり、似て非なる孫弟子という他はない。

しかし最近になって私は、つぎのような事実を知り、いささか安堵しているところである。四高時代に中谷青年は、田辺元の『最近の自然科学』に深く感動し、理論物理学を志して東大物理学科に入学した。しかし、二年生のときに物理実験の指導を受けた寺田寅彦教授の影響で、結局、実験物理学への転向となった。このことからするならば、私の転向も——その方向こそ違え——、ただ先生の例に倣ったに過ぎない、ということにもなる。

学問とは、物理学とは、そして研究とはどういうものかについて、私は二人の先輩の講演から教わった。人生のごく初期の、将来の進路を決めようとしていた頃のことであり、これは私にとって、まことに貴重な体験であった。このことを思い、私自身も実は母校の小松高校に赴き、何度か講演をした。中谷先生と同様に、いずれの講演でも、かの木村講演や――そして私の場合にはさらに――中谷講演の故事から話し始めたのであった。しかし、不肖の孫弟子による不肖の講演から、いまだ曾孫弟子は生れていない。

今年は「宇吉郎生誕百年」にあたる。誕生日の七月四日の前後、郷里の加賀市にある「中谷宇吉郎　雪の科学館」を中心に、そして暮にはさらに東京でも、いろいろな記念行事が行われると聞いている。この小文も、一孫弟子による、ささやかな記念行事のつもりである。

（二〇〇〇）

文人墨客の交わり──秀樹と宇吉郎

「わが国の生んだ最も著名な科学者は誰か」と問われるならば、おそらく殆どの人は「湯川秀樹」と答えるに違いない。とくに戦前・戦中派の人たちにとっては、彼こそまさに国民的な英雄なのであった。敗戦で全く自信を喪失していた国民に対して、一九四九年のわが国初のノーベル賞受賞は、どれほどの勇気と希望を与えたことであったか。

一九〇七年東京に生れたが、その翌年、父小川琢治の京大教授（地質学）就任に伴い京都へ移住。紀州藩では代々学問を尊ぶ家柄だったので、多くの本に囲まれて育ち、本の虫となってゆく。まだ仮名さえよく覚えていないような頃から、祖父によって漢籍の素読を仕込まれた。書も師について本格的に学んだ。後年の秀樹の幅広い教養は、幼時のこうした家庭環境に発するものと思われる。

中谷宇吉郎と同じく、三高時代に読んだ田辺元の『最近の自然科学』に啓発され、理論物理学──とくにその頃揺籃期にあった量子力学──への道を志し京大物理学科へと進む。高校・

大学の同級には朝永振一郎もあり、終生よき友、よきライバルとなる。同級生の二人が、後に同一分野（素粒子論）のしかも別個の研究によってそれぞれノーベル賞を受けることとなるが、こうした快挙は世界的にも全く例がない。なお「湯川」は結婚後の姓である。

有名な「中間子理論」は、阪大講師だった一九三五年（二十七歳のとき発想）の仕事である。原子核内で働く力、いわゆる核力は、「中間子」という素粒子の交換によって生じる、とする仮設である。一九三七年、湯川中間子らしきものが米国で発見され、「ユカワ」は一躍世界的な存在となる。しかし湯川中間子の最終的確認は、戦後の一九四七年まで待たねばならなかった。ノーベル賞はその二年後のことである。

他方、雪の研究で知られる中谷宇吉郎は秀樹よりも七歳年上であるが、ともに超有名人だったから、両者の間になにがしかの関係があったろうことは容易に想像がつく。しかし、いろいろ文書を調べてみると、二人は互いに敬愛し合い、極めて親密な友人関係にあったことが分かる。ことの起こりは、とくに宇吉郎の「湯川秀樹さんのこと」（『花水木』所収）に詳しい。

一九四〇年六月（下旬頃か）、秀樹は北大に招かれ集中講義を行っていた。しかしホテルの部屋の暖房調節を誤って風邪を引き、肺炎を起してしまった。直ちに北大病院へ入院、特効薬ペニシリンもない時代であり、世界的な大学者にもしものことがあってはと北大側も大いに心配したが、幸いにことなきを得た。しかし退院後しばらくは静養の要ありということで、当時新築早々だった中谷邸の「奥の六畳」で一月ばかりを過ごすこととなった。この間宇吉郎は前橋へ雷の観測に出掛けていたが、帰宅してみると、秀樹はすでに元気になり札幌を去った後であった——静子夫人の差し出した画帖に次の一首を残して〝病癒えて帰り行く身や北国の人の情を家苞にして〟。

秀樹はこのように折にふれて短歌をものしたが、歌集『深山木』(一九七一年)には、「札幌にて病みし後、中谷博士の家にありて」と題して、さらに次の三首が記されている。〝睡蓮の花さかりなる家にゐて日永を「冬の華」に暮しつ〟、〝本棚の小説もいくつか読みし中に今も心に残る「雪国」〟、〝旅に病んで秋近き日の札幌のこもりゐにきく馬の鈴の音〟。

この年の秋、宇吉郎夫妻は関西に遊んだが、その折六甲の湯川邸に泊りがけで招待された。おそらくこれは、札幌でお世話になったことへのお返しだったかと思われる。その一夜を二組の夫婦は「文人墨客」をして楽しんだらしい。宇吉郎と同じく、秀樹も一時期水墨画に凝ったことがあり、(湯川)スミ夫人も子供の頃から絵を習っていたという。

さてその晩は、秀樹秘蔵の嘉慶墨を用い、宇吉郎がコスモスを描き、スミ夫人が赤とんぼをあしらい、秀樹が〝柿熟れて遠方の友来たりけり〟、そして静子夫人も〝秋日和しぶきをちらす軒のひわ〟と賛を付している(この掛軸は目下「中谷宇吉郎 雪の科学館」に保管中)。それぞれに秋の気配を写しとって、まことに風雅である。この湯川邸は数寄屋造りの凝ったものであり、大阪湾を見下す眺望をも楽しんだ、と宇吉郎は述懐している。これを機に交際は家族ぐるみとなってゆく。

二人の「文人墨客」作品で、「科学館」の保管するものがもう一つある。宇吉郎が雪の結晶を幾つか描き、これに秀樹が一首を賛して、〝ひとひらの十勝の雪を手にとりて人住まぬ空の便りきくかも〟とある。『深山木』によれば、これは一九四一年宇吉郎の学士院賞受賞のお祝いとして詠まれたとか。この掛軸には一九四二年夏と記されているから、秀樹が二回目に札幌を訪れたときの作かと思われる。前回の北大での講義が入院などあって中途半端に終ったので、そのやり直しのために再訪したのであった。こうした秀樹のことを宇吉郎は「義理堅い性質で」と感心している。

年譜によれば、秀樹はさらに戦後の一九五八年にも北海道を訪れている。このときは宇吉郎との講演旅行のためであった。十月三十日北大で「素粒子物理学の現状」、翌三十一日札幌市民会館で「科学と開拓者精神」と題した講演を行い、その後宇吉郎とともに、ライオンズクラブ主催の講演旅行に出る。同行者は古市二郎・田中一の両北大教授（当時）、十一月一日釧路、十一月三・四日旭川にて両者が講演、この間、摩周湖・層雲峡などで観光をも楽しむ。

田中氏によると、とくに最終日の旭川市民講演会は全旅行中のまさに白眉であった。前座としてアイヌの踊りの披露があり、続く秀樹の講演もそれまでの最高の出来で、聴衆に深い感銘を与えた。講演終了後も場の熱気はなお収まらず、周囲に促されて再び壇中央に進み出た秀樹の曰く、「皆さん、アイヌの人たちのために万歳をしましょう」と。意外な提案にいささか戸惑った聴衆も直ちにその意を解し、講演会は万歳三唱の中に終った。翌朝、一行が旭川駅を発つとき、多くのアイヌの人たちが見送りに来ていたという。『深山木』には、この旅行中に詠まれた九首が収められている。

宇吉郎も秀樹も極めて多忙な人だったから、二人の出会う機会はそう多くはなかったであろう。しかしそれぞれの出合いは、きっと密度の濃いものだったに違いない。それ故双方が、事情の許す限り、出合える機会を逃すまいと努めていたようである。例えば一九四九年七～十月、宇吉郎は国際雪氷委員会の招きで渡米し、アラスカ・カナダをも含む大陸各地を文字どおり東奔西走する。しかし、このような過密スケジュールの中の一日（九月一日）を、ニューヨークの湯川邸訪問に当てている。当時秀樹は同市にあるコロンビア大学の客員教授であり、ノーベル賞受賞の報せを受ける約一ヶ月前であった。

こうした事実は、両者が本当に〝うまのあう〟存在だったことを示している。一体、何がそれぞれを、かくも強く惹きつけたのであろうか。もともと、二人の営む物理は天と地ほどにも隔っていた。一方はマクロな雪氷の実験であり、他方はミクロな素粒子の理論である。しかしこうした相違を超える何物かがそこにあった筈である。これについて筆者は以下のように想像する。

まず二人は超弩級の文化人であり、物理なる学問をも文化の一部として、それを外から客観的に眺めることができた。そこでは専門の違いなど、全く問題とならない。さらに、筆者がよりよく知る秀樹を中心にして言うならば、彼は何事にも強い好奇心を示し、しかもそれについて、常識に全くとらわれない、大胆で独創的な見解を述べるのが常であった。それ故、宇吉郎のもち出すどのような話題に対しても、秀樹はきっと身を乗り出して応じたことであろう。ここで秀樹と宇吉郎、両者の立場を置き換えたとしても、事情は殆ど同じだったに違いない。こうして二人の会話は次から次へと発展し、盛り上って行ったと想像される。そしてその果てには、かの「文人墨客」があった。

秀樹は三十二歳にして京大教授となる。一九五三年には、ノーベル賞受賞を機に創設された京大「基礎物理学研究所」の所長に就任、定年（一九七〇年）に到るまでその職にあった。この研究所は全国の研究者に開放された共同利用研究所であり、筆者のように他大学所属の者も、ここで直接教えを受けることができた。

他方、自らの研究に関しては、中間子理論以降、「非局所場」や「素領域」の理論の構築に、文字どおり心血を注いだ。しかし残念ながら、これらはともに未完に終った。まことに生涯の最後の日々に到るまで、一研究者であり続けたのであった。〝雪ちかき比叡さゆる日々寂寥のきはみにありてわが道つきず〟（三十八歳の作、『深山木』所収）は、こうした彼の生涯を象徴する一首である。

（二〇〇九）

湯川先生の色紙

湯川秀樹先生のノーベル賞受賞（一九四九）を記念し、一九五三年京大に「基礎物理学研究所」が創設されました。わが国初の共同利用研究所であり、京大だけでなく全国の研究者に斉しく開放されています。創設早々の頃、研究者としてまだ駆け出しだった私も4ヶ月ほどここに滞在致しました。その折、所長の湯川先生に書いて頂いたのがこの色紙です。

先生は短歌を能くされ、『深山木』という歌集があります。その三十一頁に〝昭和二十年も暮れんとして（以下二首）〟との詞書きに続く第一首がこの短歌なのです――〝雪ちかき比叡さゆる日々寂寥のきはみにありてわが道つきず〟。終戦の年（一九四五）の暮れのことであり、先生三十八歳の作ということになります。京大物理学教室の湯川教授室からは比叡山が望見されたと聞いています。

ここにある寂寥という言葉にまず着目しましょう。終戦直後のことでもあり、日本人の誰もが精神的・物質的に疲弊のどん底にありました。加えて先生には戦時中に実の父母（湯川は結

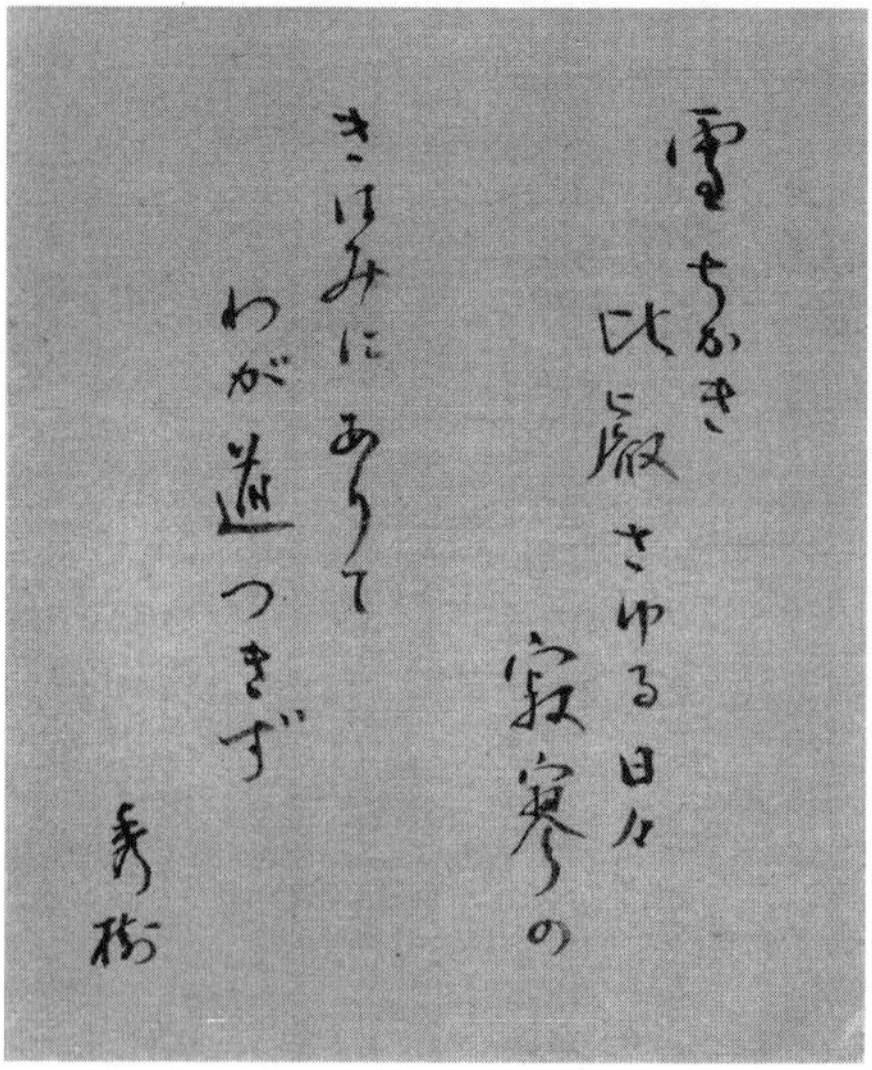

湯川先生の色紙

婚後の姓）の死や、末弟滋樹《ますき》氏の戦病死という不幸がありました。

しかしながら研究者としての先生には、さらに大きな悩みがありました。「中間子理論」の提出は一九三五年ですが、ほどなくして宇宙線中にそれらしい素粒子が発見されます。しかし理論からの計算値と宇宙線からの実験値とが一致しません。調べれば調べるほど不一致は確かなものとなります。そこで先生は〝自分の理論は根本的に間違っているのでは〟と悩み始められます。研究者にとって、これ以上の失望・落胆はありません。おおよそ以上のような事情が重なり合っての寂寥感ではなかったか、と私は想像しています。

しかし一九四七年、状況は一転、幸運が訪れます。イギリスの実験で中間子が確かに存在し、宇宙線中に見付かっていたのは全く別種の素粒子であることが判明したのです。つまり湯川理論は完全に正しかったのであり、これが一九四九年のノーベル賞へと繋がったのでした。この受賞が国民に如何に大きな勇気を与え自信を回復させたかは今でも語り種になっていますから、皆さんもご存知のことと思います。

先生はその後、素粒子論の基礎を根本から作り直すという、甚だ高邁・深淵な問題に取り組まれます。普通の研究者なら時期尚早とか何とか言って尻込みするような大問題なのです。しかし先生は、他人が何と言おうとも、自らが正しいと信じる問題がそこにある限り、とにかく今出来ることは今やらなくてはならない、との心意気でした。そして生涯の最後の日までその追及を続けられたのです。しかしこの仕事は、結局、未完成のままに残されました。

先生のこうした生き様《よう》は、遥かな地に理想を求めて歩み続ける旅人に喩えられましょう。その旅は、しかし、苛酷な冬の旅でした（因みに先生の自伝は『旅人』と題されています）。このような先生の全生涯を象徴するのが、この色紙の一首に他ならないと私は考えます――先生三十八歳の作ではありますが。京都知恩院での先生の葬儀の折、私たち参列者に志として渡されたのが、同じ短歌の書かれた色紙の写しでした。遺族の方々も、この一首が先生にとって特別なものであることを、よくご存知だったのです。

この色紙は私の探究心を絶えず鼓舞して参りました。スーパー　サイエンス　ハイスクール（母校　旧制小松中学の後身‐小松高校）の皆さん方にも同様な影響をもたらすようにと念じ、この色紙を贈呈します。

（二〇一七）

我ガホソ道ノ記

羽州ニ在リテハ一日山寺ヲ訪ヘリ　我モ亦ホソ道ヲ歩マムト思ヘバナリ　全山奇岩怪石ヨリ成リ堂ハ点々ト山頂ニ及ブ　誠ニ山ノ寺ナリ　老体ナレバ古人ノ如ク岸ヲメグリ岩ヲ這フ事叶ハズ唯山門ヨリ急坂ヲ仰ギ見ルノミ　既ニ秋気漂ヒ蟬声ヲ聞カザレバ一句ヲ為ス事モ之無シ　踵ヲ転ジテ古人ヲ偲ブ館ニ向フ　種々《クサ》ノ書画ニ接シホソ道ノ時ニ思ヒヲ馳セテ感有リ

長月末ノ三日

（二〇〇八）

ヴォスの「駅長さん」

午後の汽車でベルゲン（ノルウェー）を発ち、六時過ぎヴォスの駅に降り立った。ここを中継点にして一泊二日の予定で、ベルゲンの旅行社の作ってくれたプランでは、ソグネ フィョルドを見物しようというわけである。ベルゲンまで行き、そこから船でソグネ フィョルドを渡り、夕方七時十分ヴォス発のバスで北上してヴァングスネス船でフィョルドを見物し、再びヴォスに出てベルゲンに帰る、ということになっていた。乗物や宿の費用はすべて前払いし、代りに切符や引き換え券などを渡されていた。

ヴォスは人口一万くらいの静かな田舎町。バスの出発まで少し時間があるので、駅の近くの教会や湖のほとりをぶらぶらし、七時前には駅前に戻って待機していた。しかし私の待つ「ヴァングスネス行き」のバスは来ない。ひっそりした駅前には「ソグンダール行き」がただ一台、そしてそのバスはちょうど七時十分に出発して行った。それを見送った途端はっとした――あるいはこれが私の乗るべきバスだったのでは、と気付いて。慌てた私は駅長室に駈けこんだ。

そこには幸い、若くて威勢のよい駅長さんが居て、まさに私の心配は的中、しかもそれが今日の最終バスだと宣告された。私のバスの行先はフィヨルドの手前のどこかの筈、とばかり思い込んでいたのだが、実際は、バス自体もヴァングスネスで同じ船《フェリー》に乗り込んで対岸に渡り、さらに先へと向かう遠距離バスなのであった。ともあれ、最終バスを逃しては、私の旅行も前払いした切符などもまったくふいになってしまう。

しかし、とっさのうちに事情を察した駅長さんのとった行動は、迅速かつ適切そのものであった。電話で先ず隣村の郵便局――ここが次のバス停になっている――を呼び出して事情を手短かに説明し、「バスが着いたらしばらく待たせておくように」と依頼、次の電話でタクシーを呼び、「これに乗ってバスを追いかけよ、すまないがタクシー代は自分で払ってくれ」と言いながら、呆然と立ちつくしていた私を車に押し込み、自分でドアを閉め送り出してくれたのである。お礼を言う間もなかった。タクシーにて追走すること十分余、隣村には見覚えのあるバスが待っていて、あたふたと私はそれに乗り込んだ。

このようにして私は予定どおり――その後はつつがなく――旅を続けることができた。翌日、再びヴォスに帰って来たとき、駅長さんはプラットホームで仕事中だった。今度はお礼を言う暇が十分にあり、彼の名はアルネ ニルセンだと知った。

右は一九六二年六月十五・十六日、今から三十六年以上も昔の出来事である。当時私は、ロンドン大学インペリアル カレッジで、理論物理学の研究助手をしていた。他方、この年の五月末から六月にかけて、ノルウェーはベルゲンで「素粒子論・国際春の学校」が開かれており、当初は研究室主任のアブダス サラム教授（一九七九年ノーベル物理学賞）がここで講義することになっていた。しかし彼に急用ができ、代りに私が出向くことになった。自分の好きなことを話せばよいというので、突然ではあったが引き受けた。このときの講師謝礼が必要経費をまかなって十分だったため、ではこの機会にフィヨルド見物でも、と思い立った――これが事の始まりである。ニルセンさんとの出会いも、他の多くの場合と同じく、偶然の連鎖の一産物であった。

さてロンドンに帰った私は、早速ニルセンさんに礼状を書いた。さらに年末にはクリスマスカードも出したが、これには彼からお返しのカードが届いた。以来、今日に至る三十六年間、このカード交換は二人の間にずっと続いている。外国で世話になった人にその年の暮、クリスマスカードを出すことはよくあるが、こうしたカード交換は数年のうちに、どちらからともなく途切れてしまうのが普通である。しかしニルセンさんとの場合は、まさに例外である。お互いに相手のことをほとんど知らないにもかかわらず、なのである。

ただし双方ともカードには、お決りの挨拶文以外は書いたことがない。おそらく私のほうからは、挨拶文が印刷されたカードに、サインだけして出したことが何度かあったと思う。しかし彼からのものは、つねに全部手書きであった。そして封筒の裏面には、たんに「アルネ ニルセン、ヴォス、ノルウェー」とだけあった。実際、こちらからのカードも、そういう簡単な宛先で届いていたようである。駅長さんともなれば、ヴォスでは誰でも知っている名士なのだろう、と私は想像したものである。

翌六十三年に私は、長年の欧州滞在を打ち切って帰国した。以来、ノルウェーは文字どおり遥かな国となってしまい、結局、三十六年もの間再訪することがなかった。もっとも、欧州の他の国々へは仕事のためよく出掛けていたのだが、この北国にまで足をのばす余裕がなかった、というのが実状である。

しかしこの間も、ニルセンさんは私にとって、一種独特な存在であった。昔の爽やかな印象の余韻が、心に響いて消えやらぬのである。とくに近年は、歳のせいでもあろうか、もう一度彼に会ってみたいな、という思いが頻りに募っていたのである。

ところで昨年の夏、独・墺両国に所用があって渡欧した。それぞれの用事の間に一週間余り時間的余裕があったので、これを利用して、三十六年ぶりのノルウェー訪問を企てた。目的は、もちろん、ニルセンさんとの再会である。体調は万全ではなく、また、ただでさえ冷夏の欧州で、さらに北方へと旅することには些かの不安もあったが、このような機会はまたとあるまいと思い、実行することにした。今回は妻を伴ってではあるが、再会が目的であるから、いっそのこと、昔と同じ旅——同じルート・同じ宿・同じ場所の観光——を再現してみようと思った。言うなれば感傷旅行である。早速ニルセンさんにその旨を伝えると、こちらの希望どおり、

「八月三十一日に会いましょう」との返事がきた。

八月三十一日（月）　晴

このところよい天気が続く、ドイツより暖いので助かる。昼すぎヴォスに着き、湖のほとりに投宿。直ちにニルセンさんに電話すると、「四時半に私の家に来て下さい。ホテルから歩いて五、六分の所ですから、私が迎えに行きます」とのこと。

実のところ、三十六年前にほんの数分間会っただけのニルセンさんの顔を、まったく思い出せなかった。しかしホテルに現れた一老人を目にした途端、これがその人だと直感。握手をして名刺を渡し、改めて昔のお礼を述べる。おそらくこの「某大学名誉教授……」と書かれた名刺により、彼は、初めて、私がどのような生業で、どのような経歴の人間であるかを知った筈である。他方、私はといえば、一九六二年当時ヴォスの駅長だったということ以外に、彼についての知識はなかった。

しかし、ホテルを出て彼の家に向かって歩きながら、新たに次の二つのことを知らされる。町役場の前に来たとき彼の言うには、「六十年代ここで数年間働いた、町長として」と。私が「その頃あなたは駅長さんだったのでは」といぶかると、その答は何と「あなたに初めて会ったときは、駅の助役でした」。これにはまったく驚いた——三十六年間彼のことを、駅長さんだと信じて疑わなかったのであるから。

確かに、今にして思えば、三十六年前直接彼の口から、「私は駅長です」との言葉を聞いた覚えはない。ただ彼の漂わせている雰囲気や存在感から、こちらが勝手にそう決めてかかっていたに過ぎない——ようである。しかし、だからと言って、三十六年間も大切にしてきた私の思い込みを、そう簡単に改めるわけにはいかない。(本文ではそれ故、以下彼のことを注釈つき・括弧つきの「駅長さん」とすることを、どうかお許し願いたい。)

ニルセンさんの住まいは、二階建の建物の二階にあるこぢんまりとしたアパート、つつましやかな暮しとみた。居間に通されて驚いた。ニルセン夫人の他に二人の息子さんとその奥さんたち、一族総出で迎えられたのである。

それぞれに紹介された後、食堂に移り、フルコースのディナーが始まる。老ニルセンが「三十六年前に、もしあなたがバスに乗り損ねなかったら、私たちがこうして知り合うことはなかったでしょう。ともかくヴォスへようこそ」と述べて乾杯。こちらも続いて「三十六年前のご親切と、三十六年後の大歓迎に感謝します」と応え、杯をあげる。そして、団子入り冷スープや鹿肉サラミなどの珍しいヴォス料理を、自家製のお酒と共にご馳走になった。

老ニルセンは七十五歳だというが、血色もよく大変若々しい。今でも「駅長さん」が務まるくらいである。奥さんのソルヴェーグは石磨きが趣味とかで、ヴォス湖の石で作ったループタイとブローチとをいただいた。また二人の息子さんは父親を継ぎ、長男のアスビョーンは町会議員を、次男のテリエは鉄道員をやっているとか。二人とも明朗にして快活、目もきらきらさせている。現在に十分満足し、将来に対しても確かな見通しを持っているらしいことが、その言動から窺える。ともに英語がうまく、食卓での会話をリード。日本のこと、私の研究生活のことなど、次から次へと訊ねてくるが、それを老夫妻がにこにこしながら聞いている。話しながら私は、老ニルセンも若かりし頃は、この二人のようだったに違いない、と感じていた。

食事の後、席を外しての帰り、開けっぱなしになっている書斎らしい部屋を覗いていると、老ニルセンが「どうぞどうぞ」と中を案内してくれる。「ほらそこに」と指差された机の上には、私が送り続けている卓上カレンダーが見える。壁には家族の額入り写真が沢山掛かっていて、その説明が始まる。中央に大型のものが二枚あり、「テーブルの正面が国王夫妻、そのすぐ右側が首相の、左側が外相の定席、他は一般の閣僚たちで、ここに居るのが私」と言うではないか。またまた大変な驚きである。O・ノルドリ率いる労働党内閣で二期にわたり自治相(一九七八—七九)と社会問題相(一九七九—八一)を務めたという。町長くらいは予想もしていたが、大臣にもなる「偉い人」だったとは。郵便の宛先が、「ヴォス、ノルウェー」で十分だったわけである。

「終りにヴォスの町や湖を見晴らせる丘に案内しましょう」とのことで、テリエの車で老ニルセンと共に出掛ける。ドライヴの途中、小学校の前を通ると、車の中のニルセンさんを認めた男の子が、片膝をつき挙手の敬礼をする、とニルセンさんもそっと右手をあげて答礼——こんな微笑ましい情景もあった。

丘の上から見たヴォスの町は少しかすんでいた。湖の右はじに家々が散在し、そこに私たちのホテルも見える。眺めもさることながら、辺りの、私たちを吸い込んでしまうかのような静けさに圧倒された。丘の道を少し歩くと農家があり、男が二人、立ち話をしている。するとニルセンさんが気軽に語りかけ、話はなかなか終らない。どうやら私たちのことが話題になっているらしい。そこで私もテリエの通訳で、三人の会話に加わった。

丘を下りてホテルの近くまで送ってもらう。そして「今度は三十六年以内にお会いしましょう」と言いながら握手をし、ニルセン父子と別れた。「明朝はバスを乗り損ねないよう注意します」と、私はさらに二人の後ろ姿に声をかけた。

別れた後私たちは、えも言われぬ、ほのぼのとした気分になっていた。そして、こういうことがあるから人生は楽しいのだ、と思った。そのままホテルに入るのは惜しいので、湖畔のベンチに腰をおろし、暮れやらぬ白夜の湖をいとおしんでいた。

喜び、楽しみ、そして驚きの一日……。

以上が「ヴォスの『駅長さん』と私」に関する全歴史である。三十六年前の一日本人旅行者としか知らなかった筈の私と、その妻を、このように手厚くもてなしてくれるとは――一家の人びとの心の優しさと豊かさの程を、今もしみじみと思っている。

帰国して調べたところによると、ニルセンさんは、二十年間（一九六五―八五）にわたって労働党所属の国会議員を務め、この間先にも述べたように大臣になること二回、さらにその後の五年間（一九八一—八五）は、下院（に相当するノルウェー国会の一部）の議長にもなっている。

このような「偉い政治家」だったというのに、ニルセン家の食卓ではその素振りすら見せず——家族の人たちもまたそのことに触れず——私との関係はあくまでも『駅長さん』と一旅行者」のままだったのも、私には大変心地よいことであった。もし当日、私が書斎を覗き込まなかったなら、大臣になったことも知らされなかった筈である。このように床しく庶民的なところが、ドライヴの折の情景にも見られるように、彼が町の人たちから敬愛されている所以なのであろう。人柄もさることながら、政治家としての資質も、私との出会いのときに示された彼の行動から窺えるというものである——判断力・即応性・実行力、そして何よりも他人への思いやり。

それにしても、ごく小さな出来事から始まった二人の結び付きが、三十六年以上も続いてきたとは、われながら実に珍しいことだと思う。息子さんたちによると、家族を始め周囲の人たちは、私とのことについて、日頃彼からよく聞かされていた由である。彼自身も、この「珍しい結び付き」を大切に思っていてくれたようである。そしてこのことが、激職にあるときも、一票の助けにもならない遠い国の人間に、クリスマスカードを書き続けさせたのであろう。

これらの事どもをまとめ、「政治家アルネ ニルセン像」を描くとすれば、以下のようになるかと思う。すなわち、たとえ大臣や「下院」議長であっても、それは社会に必要な仕事の一つを、たまたま自分が受持ったに過ぎず、故に少しも偉ぶったりはせず、ただ淡々と日々の任務を果していた——こういう謙虚な政治家ではなかったろうか。現在の生活ぶりも、傍から見て、ごく普通の一市民の老後と何ら変るところがない。三面記事にしばしば登場する、さる国の政治家たちと、何と大きな隔たりのあることか。

思うに、ニルセンさんのような政治家をもつ国の人々こそ、まことに幸いなるかなである。そしてそのような国のことを、本当の意味での文化国家というのではなかろうか。これが、ヴォスの元「駅長さん」と三十六年ぶりの再会を果して帰国した私の、偽らざる感想である。

（一九九九）

付記

このエッセイは二回目のヴォス訪問直後に書いたものである。以来ニルセンさんからのクリスマスカードはずっと続いていたが、二〇一六年で最後となった。それ以後のニルセンさんについては、娘さんのシッセルより情報を得ていた。しかし二〇二〇年初頭、ニルセンさんから珍しく年賀のカードが届く。手紙も添えてあり、「ヘルパーさんや家族たちに支えられ、元気で一人暮しをしている。今月中に九十六歳となる」とあった。これは私への別れの挨拶だったのか——同年四月十六日逝去。五十八年間にわたって続いてきた、私の「駅長さん」物語もこれで終った。

コペンハーゲンのクリスマス

コペンハーゲンのクリスマスは十二月の声を聞くと、もうその準備に取り掛かるようです。人口七十万の北欧の港町も、平日は日本などに比べて人通りも少なく落ちついた街でありますが、この月に入るや否や辺りがにわかに活気をおびて来るように感じられます。

商店街のデコレーションは五日ごろ迄にはすでに完成し、市の最大の繁華街の一つである市役所前広場にも、高さ十五、六メートルもあろうかと思われる大クリスマス ツリーが立てられてクリスマス気分をかきたてます。赤い上着を着た郵便配達人は、にわかにふえた沢山の小包の配達に大童《わらわ》ですし、自転車で用足しをする主婦たちの買い物かごにも大きな包みが目立ってきます。デパートの催物や商店街の売出しなどはさして日本と変りありませんが、ただ一つ違う点は、依然として街には騒音が聞かれないことでしょう。日本の年末風景を立体録音のシネマスコープにたとえますと、こちらのそれはさしずめ無声映画といったところで、クリスマスの近づくにつれてただそのテンポが早くなって来たという感じです。

街の所々の広場や軒並には野天の店がみられます。いろいろな木の枝葉で作ったデコレーション用品や花束などの店、そして珍しいのはユールブックという麦藁人形の店です。人形といっても人ではなく山羊の形をしたもので、大きさは、藁一本を曲げて作った子指のようなものから、大は人間の大きさ位のものまであります。この習慣は、クリスマス発祥の地スウェーデンから伝わったものだと聞きました。

もともと北欧には冬至の頃、暗くて寒い冬が去り、春が早く来ますようにと祈る行事があったのですが、キリスト教の伝来とともにクリスマスに合体したのだとも聞きました。山羊やとなかいは太陽を曳いてくる動物だそうです。

当地の銀座通りともいうべきエスターゲードの中程には、直接スウェーデンから運んできたという五メートル余りの巨大な山羊が先日から飾られています。そのほか街頭には靴や鍋の形をしてその上にTAK（有難う）と書いた募金箱が並んでいます。靴に入ったお金はこれで親のない子供たちに靴を、鍋に入ったものはこれで食物をプレゼントすることになっています。

家庭の主婦たちはこの月の初めからもうクリスマスケーキの製作に取り掛かっています。大きなデコレーション ケーキはあとまわしですが、ハートや星型のビスケットを作るのが日々の主な仕事になってくるわけです。といいますのもデンマークのクリスマスはどこかの国と違って酒類は余り飲まず、長い北欧の夜を専らおいしい料理で楽しもうとするからです。

クリスマスから四週前の日曜日になると、榧《かや》の木で作った緑の輪が赤いリボンで天井からつるされその上に四本の蠟燭が立てられます。これをアドヴェント クランスといいます。この日から各日曜日毎に蠟燭を一本ずつ燃やしてゆき、クリスマスまでにちょうど四本とも燃やしきるようにします。これはドイツあたりから来た習慣だと聞きました。

クリスマスといえばサンタクロースがつきもののようですが、この国ではサンタクロースよりはむしろユールニッセと呼ばれる小人たちが主役を演じています。商店や家庭の電灯やクリスマス ツリーなどの飾りになっています。田舎では米を小さい容器に入れて戸外に出しておき、もしそれがなくなっていると、それは他ならぬこの小人たちが食べたことになりおめでたい前触れだとされています。

いよいよクリスマス イーヴとなると、家庭のある人は必ずそれぞれの家庭でお祝いをすることになっています。ですからボーア研究所などでも私共のような独身者組だけがボーア先生のお宅に招かれる例となっています。クリスマス ディナーにはアルモンドの実を粉にしてまぜた米のお粥がご馳走の一つで、その中に砕かない実のままのものをただ一つだけ入れておきます。それを自分のお皿の中に見出した人が最もラッキーな人となり、大きなクリスマスケーキが貰えます。

スカンジナヴィア特有の盛り沢山な料理もほぼ食べ尽くされ、クリスマス ツリーの下に置かれた友人からのプレゼントが一つ一つ開けられると、最後はダンスです。クリスマス ツリーの周りを、〝となかいよ、早く太陽を曳いてきて〟と歌い踊りながら何回でもぐるぐると廻るのは、見ていてまったく楽しそうです。
しかしそこにもまた、日光に恵まれない北欧の人たちの一陽来復への祈りが込められているのだと聞かされて、厳しい自然を生きる人たちに一種いとおしさを感じたことでした。

（一九五六）

ホントにホントの話

若い頃（一九六〇年前後）七年ばかりヨーロッパで暮した。国際的ツーリズムは未だ興らず、ヨーロッパはヨーロッパ人のヨーロッパであった——第二次大戦の残響は無きにしも非ずだったが、街のあちこちには古き佳きヨーロッパの残照がなお感じられた。そんなヨーロッパで体験した面白い話を以下にいくつか紹介してみたい。うさん臭い話だなと思われるかもしれないが、しかし私自身の体験した事実を基に吟味、彫琢を重ねれば、以下の見出しで示された話が一〇〇％真正だったことが、充分納得頂けることと信じている。それはともあれ、お望みならば眉に唾付きでお読み下されたい。

㈠二十世紀を代表する物理学者ボーアやハイゼンベルクと同じ風呂に入ったこと

一九五六年十月から二年間、コペンハーゲンの「ニールス ボーア研究所」に滞在したが、そこの最も古い建物（C棟と呼ばれていた）の2階のトイレには大きな浴槽がデンと鎮座しており、いつでも熱いお湯が出たのである。一九二〇年に研究所ができた頃、所長は施設内に住まうべしとの習慣から、所長のボーア一家がC棟2階に住んだのだが、その名残りの風呂だったのである。一九二六年、ボーア一家は所内に新築された別の建物に移り、C棟2階は研究室に、同3階は客員用宿舎に改装された。そのため風呂はそのまま客員用として残されたと思われる。その3階宿舎にまず住み込んだのがかのハイゼンベルク、一年余の滞在だったから彼もまたこの風呂に入ったこと必定である。

実は研究所滞在中、私もこの風呂を愛用した。安下宿ではシャワーの使用しか許されなかったのが、主な理由である。とくに研究所地階にある卓球台でひと汗かいた後とか、初夏の頃、遅くまで仕事をしていて帰り際にひと風呂浴びるのであった。風呂の後、湖畔の道をそよ風に吹かれながら帰宅するのは、まことに乙な気分であった。

これで見出しの事実は証明されたが、このことからさらに次のような可能性も生れてくる。

浴槽には、おそらく、ボーアやハイゼンベルクの爪の垢が煎じられてこびり付いており、その何万分の一の、そのまた何万分の一かが、三十余年後に私の口に入っていたかもしれないのである。では果して、そのご利益はあったのか——これについては読者のご想像に委ねる。

㈡ボーア研究所の所長室に所長のボーアが私の写真を飾っていたこと

くだんの所長室は、現在もなお、ボーアの使用時とほぼ同じ状態で保存されている。壁面には、師のラサフォードのレリーフを始めとして、研究協力者だったクラマースやヘヴェシー、ホイーラーその他の写真、さらに彼が一九三七年鎌倉を訪れ、大仏の前で仁科芳雄博士らと並んでいる写真等々が、所狭きまでに飾られている。そしてその中に四枚ばかりの集合写真が混っている。

研究所では一九三五年以降——戦時中の数年を除き——毎年ボーア先生の誕生日十月七日の前後に、研究所全員の記念写真を撮ることが習慣となっていた。先述の集合写真とはこのような代物なのである。しかも飾ってある四枚の中の一枚が一九五八年分であり、そこには私が豆粒状に写っている、といったような次第。

なお、この所長室は、現在「ニールス ボーア アーカイヴ」の一部として公開されているので、「ホントかな」とお思いの方は、渡欧して自らご確認願いたい。

ここまでが私の「コペンハーゲン物語」で、次に舞台をロンドンに移す。

㈢エリザベス女王が私について語ったこと

ロンドンでは下宿探しに苦労した。北欧では、より安い宿はより質素になるだけであったが、当時のロンドンでは、より汚くなるので閉口した。安い所を求めるならば、市の周辺に出るしか手はなかった。しかしながらロンドンは、住んでいる地域によって人物評価がなされる、といった土地柄であった。一時期は、「そこはあなたのような人の住む所ではない」と諌められたテームズ南側に住んだこともある。因みにここは漱石が最後に住んだザ チェイスのごく近く（地下鉄では隣りの駅）である。

そのロンドンで、最後に最高の場所を見付けた。勤め先のインペリアル カレッジから歩いて十数分の所で、当時の英国では珍しく集中暖房の設備もあった。入居後に判ったことだが、それは英国でも有数の建築家フィリップ パウエル氏の家だったのである。外観はイギリス風の古い建物だが、内部はモダーン デザインで住み易いように改造されていたのもそのせいであった。

そこでまず、そのパウエル氏について一言しておかねばならない。主な作品を挙げればロンドンのバービカンセンター内のミュージアム、オックスフォードのヴォルフソン カレッジ、チチェスターの祝祭劇場等々、大阪万博のブリティッシュ パヴィリオン（二本の柱で全館を吊したように見えた）も彼の作である。夫妻共どもモーツァルト オペラの大ファンであり、同じくオペラファンだった私と直ちに意気投合し、一緒にコヴェント ガーデンやグラインドボーンにも出掛けた。

日本やドイツにある英国大使館の改築にも携さわるなど、公的な仕事も多かったせいか、私の帰国後には「サー」の称号が授けられた。

さて本題はここからである。ミスター パウエルがサー フィリップともなると、女王様から時折お茶に招かれる。建築事務所がバッキンガム宮殿の近くだったので、そこまで歩いて行ったところ、守衛から胡散臭い目で見られたこともあったとか。

さて女王が訪日した年であるから一九七五年に、サー フィリップも仕事のため東京にやって来た。帰国直後に宮殿に招かれたらしいが、その折冗談半分に「東京ではカメフチという物理学者に会いました」と彼が告げたところ、女王は「私はそのカメフチなる人には会いませんでした」と応じたというのである。後年訪英した私に彼はこの話をしてくれ、二人で大笑いしたのであった。

㈣ウインストン　チャーチルが私の存在を認識したこと

ある日の朝（多分十時頃だったか）私はケンジントン　ハイストリートの本屋に立ち寄った後、ローヤル　アルバート　ホール裏にあるインペリアル　カレッジの研究室に向って歩いていた。通りの名称がケンジントン　ロードへと変る辺りで、突如、右側の高級住宅街から黒塗りのロールス　ロイス（あるいはジャガーだったかも）が音もなくスウッと出て来て、私の行手を阻んでしまった。殆ど車にぶつかりそうになった私は、いささかムッとして車の中を睨んだ——そこには何とチャーチルが居るではないか。その頃は引退して久しく、以前のように写真が毎日新聞に載るような存在ではなかったが、それは紛れもなく彼の姿であった。すると彼は「これはどうも失礼」と言わんばかりに、私に向って軽く会釈したのである。彼が亡くなる数年前の出来事であった。

ロンドンでは、こういう偉い人に偶然出会うことが屢々だったが、東京では皆無である。どうしてなのか。

㈤ロマノフ王朝系のプリンセスに会ったこと

ロンドンでの私は経済的に余裕のあるほうではなかった。私などより遥かに若い研修中の外交官の卵たちは甚だ裕福だったらしく、立派なマンション（本来の意味での）に住んでいた。当時ロンドンには、ブリティッシュ カウンシルの奨学金《フェローシップ》を貰って東大から来ていた古い友人のKも居た。卵氏たちの優雅な暮しぶりを見て、二人のKは腹いせに「彼等は日本国民の税金を使っている。われわれは英国で自立し、日本のお世話にはなっていない」とうそぶき、互いに慰め合ったことである。

話をもとに戻す。ある卵氏のマンションを訪れるとき、屢々出会う老婦人《シワクチャバーサン》があった。噂によると彼女は「私は（ロマノフ王朝系の）プリンセス」と自称していたらしい——恐らくそのことが、彼女の唯一の生き甲斐だったのであろう。

ロシア革命の折、難を避け英国にやってきた東欧人はかなりの数に上ったのではなかったか。そう言えば、私の遍歴した安下宿のオーナーたちは、大抵ポーランド人であった。

話がだんだん眉唾模様になってきた。この辺りで幕としたほうがよさそうである。

（二〇一三）

片仮名外来語雑感

ここに片仮名外来語とは、外国語（主に英語）の単語を片仮名表記し、それを日本的な意味をもった日本語の単語として用いたもの、と定義しておこう。このところ私は、こうした単語を濫用する世情を頻りに慨歎し、殆ど腹ふくるる状態となっている。その幾分かを解消したく筆を執った。

読書家で新刊書にも絶えず目配りしている友人に、何か面白い本があったら貸してほしいと、かねがね頼んでいるが、以前送られてきたものの中に『八十二歳のガールフレンド』という一冊があった。随筆集（？）のようであり、その中の一篇がこの表題になっている。おや、そういうことがあり得るのかなあと訝りながら、早速読んでみた。七十歳前後と覚しき著者が、八十二歳の老婦人との付き合いについて坦々と綴ったもので、「ガールフレンド」は、やはり片仮名外来語としての意味（女友達）で使われていることが判った。日本語で書かれた本であるから当然といえば当然であるが、しかしその意味するところが本来の英語とは懸け離れているとなると、頑迷な古老には、やはり些か気になるのである。

実を言うと、私自身がこの英単語 girlfriend の真意を知ったのは、次のようなほろ苦い過去があったからである。いまから五十年余り前、私はロンドン大学の物理教室に居た。一日、親しい友人のSたちと談笑していて、少しおどけ気味に「君のガールフレンドのP夫人が……」とやったところ、途端にSが色をなして怒り出し、場が一瞬にして白けてしまったのである——私はただ、「ごく親しい女性の知り合い」くらいの意味で口にしたのであったが。後刻、その場に居た大学院生の一人が、そのわけを説明してくれた。彼によると、「ロンドン大学の学生間では、肉体関係などのあるごく深い間柄にだけ、この言葉う使うんです。もっともその具体的な意味合いは、時と場所によって違うんでしょうけれども」とのことであった。

そこで私は早速図書室にゆき辞書を開いてみた。そこには——原語を片仮名で示すと——「ロマンチックあるいはセクシュアルな関係にある女性の友達のこと。ボーイフレンドの場合も同じ」とあった。どうやらこの場合、1＋1＝2ではなく、2以上になるらしいのである。そうだとすると次のような例文もまた可能となる——「彼はまだ彼女と付き合ってはいるが、以前のようなガールフレンドとしてではない」と。「ロマンチックな関係」には詩的な響きがあるが、しかし尠くとも五十余年前のロンドン大学において、Sに対して使うべき言葉ではなかったのである。まことに、ものを教わるには授業料を払わねばならぬ——もっとも、Sとの仲は間もなく修復したのであったが。

そのロンドン大学では、後にまた次のような出来事もあった。ある年、日本の某大学から中年の物理屋が単年留学の予定で、単身、私たちの物理教室にやって来た。折悪しく（というべきか）その一週間ほど後に、教室でパーティが開かれた。当時のイギリスは階級社会であり（現在はどうなのか？）教員のパーティには女性秘書などは原則的には招待されない。勿論、奥さんや婚約者などの同伴は許されるのだが。

さて、そのパーティにこの新参者が、何と彼の属する研究室の秘書嬢と共に現れたのである。恐らく多くの参会者たちは、何故この場にこの秘書が、と訝ったに違いない。そうした雰囲気の中にあってこの新参者は平然として、同伴の秘書のことを「私のガールフレンドです」と紹介したのである。大学に到着してからの一週間、宿のことなどいろいろとこの秘書の世話になっていたではあろうが、まさかロマンティックな関係にまで発展していたとは到底考えられない。私は穴があったら入りたい、亀だから首をすっぽりすくめたいとすら感じたのであった。もっとも他の人たちは、紳士・淑女の国であるから、これを不慣れな英語のせいと解してくれたかもしれない。しかし当の秘書嬢は、さぞかしばつの悪い思いをしたに違いない。とにかく甚だ失礼なことではあった。

そこで思うのである——五年間のロンドン滞在中に、私自身もこれと同じような失態を、先述の一件の他にも、しばしば演じていたのではなかろうか、と。恐らく知らず識らずの中に、多くの人々に不快な思いをさせていたのかもしれない。実際そう思って振り返ってみると、該当するような情景が二、三立ちどころに心に浮かんで来て、改めて忸怩たる思いに駆られるのである。

昔読んだサルトルの本の中に、「猫というようなありふれた単語でも、フランス人とイギリス人とではかなり違ったことを想い浮かべる」といった意味の言葉があった。この類いの微妙な状況はさて措くとして、ごく単純な事柄に限っても、異なる言語間には様々な難問が介在している。以下では、私たちにもっとも身近な日本語と英語との関係について少々考えてみたい。

最近の日本語で私のもっとも気になるのは、美しい日本語があるにも拘らず片仮名外来語を多用する風習である――「社会的要請」でなく、何故「社会的ニーズ」なのか。政府の文書とて例外ではない。英語に由来するものが多いようであり、いまやそれらは本来の日本語同然に一人歩きしていると言ってよい。これには、しかし、一長一短がある――否、一長多短と言うべきか。

先ず一長について。街を歩きながら自ずと英単語の勉強ができる、ということがある。このところ政府は景気上昇中と言い張るが、散歩をしているとビルや店舗のあちこちに「テナント募集中」の張り紙が目立つ。恐らく少し注意深い中学生くらいなら、これをもとに「テナント」という英単語を学ぶ筈である。因みに、私がこの単語を知ったのは、恥ずかしながら、何と三十歳を過ぎてからであった。先述のロンドン滞在中、東大からやって来た旧友と一緒にアパートを借りようとしたとき、契約書の中にこの単語が出て来た。私たちには初めて出くわした単語であり、これは何だと、辞書を繰ったことを覚えている。

この一長にはしかし、多短が伴う。日本語化された単語たちが、しばしば本来の英語とは、異なった意味で（「ガールフレンド」以外でも、例えば「マンション」）、あるいは異なった発音で（例えば「チケット」）、さらには異なったアクセント（例えば「アイディア」）で用いられていることである。こうした間違った英語も、すでに日本語として広く認知されているのだとの説もあろうが、それらを本当の英語だと勘違いする人たちも多いのではないか、と私は惧れる。このような人達が外国へ出たとき、件の物理屋たちの如き過ちを繰返すかもしれないし、そうでなくとも、正しい英語を学ぼうとする際に、却って大きな障害となるのではなかろうか。外国語の習得には、白紙で臨むのが一番なのである。最近は、小学校でも英語を教えるところがあるらしい。しかし、先ずなされるべきは、正しい英語を教え得る教師の育成ではなかろうか。

さらに言えば、かつての日本国首相が米国大統領に対して呟いたらしい「トラスト　ミー」の一件がある。しかしこういう重要な局面での（下手な？）英語の使用は慎んで貰いたいものである――尠くとも、個々の言葉がワシントンの政治屋仲間で、どのような意味合いで使われているのかに精通していない限り、である。現環境相の「セクシー」もまた同罪である（これは校正時に付した）。私たち個人の場合には、個人の失敗や恥ですむ。しかし一国の首相や大臣ともなると、その影響には計りしれないものがあるからである。

と、ここまで書いてきて、話をもとに戻す。やはり「八十二歳のガールフレンド」が気になるのである。もしこれを、私のいわゆる正しい日本語で、「八十二歳の女友達」としたらどうであろうか。本の表題としては、何とも古臭くて気が利かず、売れゆきもガタンと落ちること必定である。外国語の日本語への侵入、あるいはいわゆるグローバル化に伴って、どうやら、旧来の言葉に対する私たちの感じ方、ひいては考え方までもが変化しつつあるらしい。否、むしろ、日本・日本人に固有なものが徐々に失われつつある、と言うべきか。

さらに敷衍すればグローバル化とは、地球上のすべての文化を液状化し、それらを宜しく混合・攪拌して単一・均質な合成液と化してしまうことである。こんな中での人生は、果して楽しいのだろうか、生き甲斐を感じるのだろうか。しかしながら、この結末は正しく熱力学の許容するところでもあり、人力でもっては抗し難いのである――嗚呼。

さてもさても、片仮名外来語の一例という小事から発して大仰な結論となってしまった。頑迷古老の誇大妄想は、この辺りで幕とした方がよさそうである。

（二〇一六）

付記

最近の新型コロナに関連して用いられる言葉の殆どが英語なのは、どうしたことか。「集団感染」とか「感染爆発」と言った方が、遥かに一般国民には分り易いと思うのであるが。

Setsuji-ichimotsu soku fuchū

冗談に本気を混ぜて変化をつけるのは、よいことである。

フランシス ベーコン

最近、アメリカの天文学者の著した本を訳していたところ、最終章の冒頭で、表題に掲げたローマ字綴りの引用に出くわした。出典は、これもローマ字で ZENRIN KUSHŪ とある。これには、英訳が添えてあって、それを和訳すると「道を説こうとすると、その要点が失われてしまう」というようになる。しかしこれをそのまま訳出したのでは、日本人訳者の面目丸つぶれとなろう。訳文には、勿論、確かな原文が欲しい。禅僧の言葉にこのようなものがあったような気もするが……ということで、早速、知り合い何人かに聞きまわったところ、原文は「説似一物、即不中」であり、出典は『禅林句集』とのことであった。そして、さらに次のようなことも判ってきた。

『禅林句集』は京都南禅寺住職柴山全慶師の編になるもので、これ以前にも、本句を収めた類書はいろいろとあるらしい。しかし、もともとは、禅宗六祖慧能の『六祖壇経』に載っており、慧能の弟子で南嶽懐譲という唐代の高僧（六七七―七四四）による言葉であるという。「一物ヲ説似（示）スルモ、即チ中ラズ」は、仏性《ぶっしょう》に関するものであるけれども、友人の哲学者によると、もっと一般的に、次のように解釈してもよいのでは、とのことであった。すなわち、物事の本質というものは、口舌や文字でもって説明はできない。説明した途端に、その本質から外れてしまっている、と。

文章を書いていて、自分の言いたいことをピタリと表現する言葉が見つからなくて四苦八苦することが多いのは、おそらく、私だけではないだろう。しかし、この句の意味するところは、もっと深遠であって、言葉に対して、たとえ最良の選択をなし得たとしても、物事の本質や真理などは表現できるものではない、との主張である。それでは、なぜ、このようなことになるのであろうか。

とこうするうちに、「自然は曲線を作り、人間は直線を作る」という言葉を思い出した。誰の言葉であったかは失念したが、ここでは「自然」を「世界」と置き換えて考えることにしたい。あるいは、現代語を用いて、「世界はアナログ的であるが、人工物はデジタル的である」とした方が分りよいかもしれない。

子供の頃、野原で遊んでいてよくやったように、棒を立て、それの倒れた方向に行先を決めるとしよう。このような場合、倒れた棒の方向が真東の方向となす角度を測ってみれば、それは、〇度から三六〇度の間の勝手な値を取りうるであろう。私どもの技術用語では、この状況を、件《くだん》の角度は上記二つの角度（〇度と三六〇度）の間の連続変数である、と表現する。さらに言い換えれば、棒は角度に関して連続的に無限な可能性をもつ、のである。同様に、この世界で起こる事柄は、自然現象はもとより、私どもの精神現象をも含めて、一般に、この種の連続無限の可能性あるいは多様性をもつと思われる。

これに反し、私たちが平素用いる単語の数は、高々数万といったところで、ともかく有限個である。これらの単語を組合わせて作る文章表現も、したがって、有限の——莫大な数にはなろうが——可能性しかもてないのである。つまり、言葉で表現しうるものは、グラフに描けば、棒グラフとなる。棒の先端を繋いでできる階段状の線は、棒の幅を狭くすれば——単語の総数を増やせば——、表現したい滑らかな曲線に近づきはするが、決して一致することはない。たとえば、度目盛の分度器を用いる限り、五・七〇度は六度でもって代用する他なく、また、秒単位のデジタル時計では、〇・三三秒は〇秒と区別がつかないのである。

要するに、有限の手段でもって、無限の可能性や多様性を表現することはできないのであり、これが「即不中」に対する数学的根拠である——と、とりあえず、単純・素朴に割切ってみることにしたい。

再び技術用語を用いるならば、私たちが表現し得るものは、表現したいもの——物事の本質、真理、等々——に対する「近似」に過ぎないのである。つまり「説キテ一物ニ似タルモ、即チ中ラズ」に相当する。私たちのなし得ること、あるいは、なすべきことは、それ故、この近似の度合いを高め、できるだけ「本物」に近づこうと努力すること以外にはないであろう。

極めて小さな詩型の中にも、大きな世界を構築してみせる「詩人」こそ、おそらく、よい近似の言葉を見出すことに最も長けた人々ではなかろうか。これと対照的な存在が「哲学者」である。いくつかの単語を連ねて新しい言葉を作り、多くの挿入句をちりばめて長々とした文章を書き、結局は、部厚い本が出来することとなる。察するに、彼らのこのような振舞は、手持ちの言葉を総動員しつつ、その表現目標に向って、飽くなき接近——近似の向上——を試みることによるのであろう。哲学者は、おそらく、言語のもつ限界を、つねに誰よりも痛切に感じているのではなかろうか。

ごく大雑把な近似で言えば、詩人と哲学者に「数学語」を話させると、それぞれ、「数学者」と「物理学者」とになる。数学者の著す論文は、おおむね短く、ときに数ページのものすらある。厳密に定義された術語のみを用いるので、適切な言葉を求めて呻吟する必要はない。詩人においても数学者においても、自らの中で自由に構想した世界が、そのまま、詩的ないしは数学的世界となる有利さがある。他方、物理学者のものする論文は、数学者のものに較べて、はるかに長くなる傾向をもつ。物理学者が、いかに壮大かつ美麗なる理論を創り上げても、それが自然に適合しなければ、ただの空理空論に終わり、三文の価値もない。これに反し、数学理論においては、壮大さ、美麗さそのものが価値となる。このような有利さをもつ数学者族を、物理学者族に属する私など、つねづね、まことに羨しく感じている。

哲学者も物理学者も、所与の現実的世界に関わらねばならないので、その記述に当っては、用語の選択に神経を磨り減らす。しかし、その努力も、つねには実り多からず、結局、長々としたものを書くこととなる。「白髪三千丈」とか「三角形の月」といった表現は、詩人や数学者には何の支障もなかろうが、哲学者や物理学者には、その非現実性の故に、受け入れ難いのである。結局のところ、「説似一物、即不中」の悩みは、後二者の方に、より切実に感じられているのではなかろうか。

ここまで来て、奇妙な事実に気がついた。件の句は、果して何か明確な主張をしているのかどうか、といった問題である。ギリシャの昔、クレタ島出身のエニメニデスが、「クレタ人は嘘つきだ」と言った、との話はよく知られている。この言葉を呟いたご本人がクレタ人であるので、括弧の中に述べられた言明自体は、嘘なのか本当なのか分からなくなってしまう。そして、まさに同様な事柄が、ここにあげた句にも当てはまるのである。「一物」を句全体と考える、すなわち、「一物」に句全体を代入してみよう。そうすると、説似一物が「不中」であることが「不中」となり、結局、「中」となってしまう。つまり、件の句は、矛盾を含むと言うべきか、何らの主張もしていないと言うべきか、その何れかとなる。

唐代以降、問題の句は、随所で引用され、方々で語り継がれてきた筈である。この間、議論好きな禅僧で、私のような疑問を提出した人がいなかったのであろうか。若い僧がこのようなことを言うと、わが国でならば、差しづめ、「屁理屈を言うな」と一喝されてしまうかもしれない。しかし中国では、「知魚楽」とか「堅白同異」などの議論にみるように、屁理屈好きの伝統があった筈であるが……。

無意味な言明は、しかしながら、世の中では、むしろ、重宝がられてもいるようである。私が以前勤めていた大学の学長が、ある年の卒業生に対して、次のように訓示した。曰く、「諸君は今日只今より、自由で独立した人間として世に出て行く。したがって今後は、自らの判断に基づいて行動すべきであり、他人の意見に左右されるようなことが、ゆめゆめあってはならない」と。卒業生は、一他人としての学長の訓示を、果して受け入れたのかどうか。もう一つ例をあげよう。数代前の首相が、国会である重要法案を通過させようとしていたとき、野党議員がいろいろな問題をもち出して政府を攻撃するので、つい口にした台詞が「それはそれ、これはこれで」。他の問題は脇においておき、この法案を審議してくれ、と言いたかったらしい。この場合にも、当の言明自体を「それ」とすれば、言明をそっくりそのまま首相に返上できたはずである。しかし、このような揚げ足を取って食いさがった野党議員は、一人もいなかったようである。

論理学者によると、「ある言語について語るためには、別の言語――メタ言語――を用いねばならない」のであり、言語とメタ言語の区別を弁えないと、先にみたような矛盾が生じる、との由である。要するに、言語による記述は、いったんなされてしまうと、これと無関係な第三者的な立場から、あるいは大所高所から考えないといけないものらしい。先程の例でも、エニメニデスや学長や首相を別格の存在とみなせば、何の問題も起こらない。ところで、この論法をさらに進めると、上記の括弧内の言明は、メタ「メタ言語」での言明となり、結局、メタ・メタ・メタ……言語の存在が要請される、との議論も起こってくる。しかし、このような無限種類もの言葉を斉しく使いこなすことなど、人間業《わざ》はおろか、コンピューター業《わざ》でもとうてい叶うまい。

右の事情といささか異なるが、私が日頃気にしている表現に、――お礼を述べながらも――「全くお礼の申しようもありません」とか、――筆舌を存分に駆使しながらも――「筆舌に尽くし難し」等々がある。何れも、自己矛盾を含む表現であるが、しかし、効果的で便利なことは、言うまでもない（が、つい言ってしまった）。

いろいろとおかしな表現をあげつらってきたが、不思議なことに、これらに対して本来意図されている筈の正しい意味を、とにもかくにも、私たちは知っているし、また知り得るものらしい。言語とかメタ言語とか、面倒なことは知らなくても、私たちの日常言語は確かに機能し、さしたる問題も起こらない。大抵の場合、周囲の状況を含めて総合的な判断をすることにより、当の表現のもつ論理的不完全さを補っているようである。ここでは、論理以前に了解があり、論理はたんなる辻褄合わせに過ぎない、との感を拭えない。

少し乱暴な言い方になるが、技術の基礎には科学があり、諸科学の根底は物理学であり、物理理論は数学によって支えられている。そして、その数学は、論理の骨組でもって構築されているといわれる。しかし、「数学基礎論」の専門家によると、この分野には未だすっきりしない泥沼のような一帯が残されており、数学の体系は、そこを避けて通ることによって成立している、との由である。このことを認めると、結局は、科学や技術といえども、確固とした論理的基盤をもつとは言い切れなくなってくる。それにもかかわらず、私たち人間は、たとえば、コンピューターを作ったり、人工衛星を宇宙に打ち上げたりすることができるのである。不可思議千万と言う他はない。

以上のように考えてくると、私たちの言語も科学理論も、そして結局は、私たちの世界それ自体も、たんなる「理《ことわり》」などを超えた、さらに大きなものによって支えられているような気がしてくる。しかし、このような状況を何らかの方法で表現するとすれば、結局は、「始めに言葉ありき」に還ることとなろう。言葉とは、何と深いものであることか。

他方、日常生活においても、論理的におかしいなどと、一々理屈をこね、難癖をつけていたのでは、雰囲気がとげとげしくなり、精神衛生上よろしくないであろう。ここでも理屈などよりは、もっと大らかな、「知恵《ウィズダム》」とでも言うべきものが、大切なように思われる。
さてもさても、雑多なことどもを次々と並べたて、はなはだ要点の定まらない一文となってしまった。しかし、何分にも私の主題は「説似一物、即不中」、この句に免じてご容赦いただけるものと期待したい。

（一九九三）

「かたち」と「なかみ」

「かまくら落語会」の機関誌『かまくら落語』は、通常、二ヶ月毎に発行され、その各号に席亭の岡崎誠氏が「日々落語につながる」と題するエッセイ（シリーズ）を書いている。その各エッセイに対して、私は必ず感想文を書き、「つながる評」（通称「あんどん通信」）として同氏に送り返している。この遣り取りを始めてもう二十年以上にもなるが、双方ともに一回も欠かしたことがない。左記はそうした「つながる評」の一例である。

O兄　「日々落語につながる（五十六）」拝読。このところずっと小生の「つながる評」は、貴兄の文章の「かたち」ではなく、「なかみ」についての感想になっています。そして今回も同じになりそうな気配です。前者に関してはもう小生如きがあげつらう余地はありません。何しろすでにプロ級ですからね。そこで早速「なかみ」に入ります。

今回の「なかみ」は柳家小三治のことですね。小三治師匠が音楽学生の詩の朗読に対して与えたという、次の言葉に私は深く感じ入っています――

寂しいといったときに、いかにも寂しそうに言わないでくれ。枯れ葉が飛んでいって、あと寂しい気持ちになりました、って普通に言ってくれ。そのかわり、そのとき心の中に寂しいなという思いをはち切れんばかりに持ってくれ。そうすれば、寂しいという気持ちは人に伝わるんだよ、芸ってそれが大事なんじゃないかい？

さらに師匠によれば、「このことは音楽だけじゃなくて、歌を歌うときも絵や小説を書くのにも全部に共通する」とも。一つの道を窮めた人にしか言えない言葉ですね。

実を言いますと、貴文を読みながら小生は、ずっとある名歌手のことを想っていました。二十世紀最高の歌手ともいえるドイツのバリトンＤ・フィッシャー＝ディスカウです。歌手としてはすでに引退し、現在は指揮者に転進中とか（付註、二〇一二年没）。ドイツリートを歌わせたら、いまなお、その右に出る者なしと小生は思っています。ただ、「彼の歌い方は技術的に完璧だが、さめていて冷たすぎる」という批評もしばしば耳にしました――他の歌手たちはもっと熱っぽく歌うのに。しかし彼の歌が多くの人びとに深い感銘を与えたこともまた事実です。

そこで小生は思うのです。彼が、例えばシューベルトの「冬の旅」を歌うとき、ただ、寂しさや悲しみの「かたち」を示そうとしたのではなかったか。そこに自らの感情――「なかみ」――を注ぎ込もうとはしなかったのではないか、と。「かたち」は聴き手のすべてに共通であり、受け入れられる。その中に、聴き手はそれぞれの思いを込めて聴けばよい。そのほうが、ある決った「なかみ」を押しつけられるより、遥かに感動が大きくなるのではなかろうか。この意味からして彼の芸術は、まさしく主知主義でした。一般に、「かたち」は知性の、「なかみ」は感性の顕れだからです。

おそらく彼は、「冬の旅」を何十回、何百回となく録音していることでしょう。引退前の実演も私は折あるごとに聴いてきました。しかし、その「かたち」は年とともに変っています。「なかみ」も、次つぎと削ぎおとされて行ったように思います――つまりは枯れていったと言うこと。これも師匠の境地に通じるものでしょうか。

紙幅が尽きました。今回の「つながる評」はこのくらいで。

（二〇〇五）

ちかごろ思うこと

ひさびさに漱石の『道草』を読み返していて次のようなくだりに遭遇し、いろいろと考えさせられた。

小説の主人公健三が、ある日若い弟子の一人と散歩していると、話題はたまたまある女のことに及ぶ。——以前芸者をしていたときに殺人の罪を犯したその女が、二十年余の刑を終え、最近ようやく出獄してきたという。とこうする中にふと健三は、「そう云う自分も矢っ張りこの芸者と同じ事なのだ」と思いあたる。

政府の派遣で欧州に留学し、帰国後は大学教師となったが、毎日、きまった時間にきまった場所に出かけ、きまった人達を相手にきまった考え方の講義をし、帰宅して夕食後には、またきまったように書斎にこもる。これでは女の経験した牢獄生活となんら変るところがないではないか、と健三は反省する。

翻って私自身の場合、経歴も日常の生活もほぼ健三と同じであるから、私もまた長らく獄中にあったと言える。ただし定年を機に放免されたので、刑期は約四十年、女よりも重罪だったことになる。

おそらく牢獄の独房には、高い所に鉄格子のはまった小さな窓が一つ付いているであろう。二十年余りの間、獄中の女が外の世界を見たのは、この窓を通してだけであった。

他方、私の牢獄においても、窓はおそろしく小さなものだった、と今にして思う。四十年以上も大学に籍をおき、自然科学の中のごくごく狭い一分野のことについて、教育や研究を行ってきた。その結果、ものの見方や考え方が、知らず識らずの中に、当の学問による制約や限定をうけ、極めて偏狭なものになっていた。ために世の中のごく一部しか見てこなかった、いな見えなかったのだと思う。

しかしこういった状況は、おそらく私だけではあるまい。日夜研究に専念する科学者の中には、程度の差こそあれ、上の意味での不完全人間が決して少なくないはずである。

話は変るが、これまで私はかなりの期間を外国（主として西欧）で過ごすことが多かった。そういった折にいつも味わったのは、えも言われぬ解放感であった。目的地の空港に降り立った途端に、背筋もピンとし、足どりも軽くなったものである。それはたんに旅行者としての気安さからではない。訪問先の機関では客員として遇せられる以上、それ相応の仕事が期待されていたからである。それにしてもこの解放感は、いったいどこから来たのであろうか。これに対する私の（暫定的な）解答は以下のようなものである。

あちらの国では時間がただ一つある。その時間――「共通時」――に従っておれば、トータルで人間的な生活がまず保証される。そして各個人は、その共通時の中から各自の仕事や遊びのための時間を見出せばよい。他方こちらの国では時間が幾つもある――会社の時間、学校の時間、奥さん方の時間等々である。因みに物理学では、こうした時間のことを「固有時」とよんでいる。各個人は、それぞれの仕事や仕事場が規定した固有時に従うことを要求され、そうすることがまた美徳と見なされる。固有時は、しかしながら、ゆとりある生活の犠牲の上に成立する。

昔、ロンドン大学に居たころ、もう半頁で私の論文のタイプが完了するというのに、金曜日5PMとなればさっさと作業を中断し、「あとは月曜、ではよい週末を」の言葉を残して去って行く秘書のことを、なんとうらめしく思ったことか（研究者は、他人に先を越されないように、自らの研究結果をいち早く発表したいのである）。これに反して固有時の国では、会社員から小学生に至るまで、職場や塾でモーレツ時間割がのしかかっている。

私の恐れるのは、ある固有時で生きている人が、他の固有時で生きている人たちのことを、十分に理解できるのかどうか、ということである。

われわれの社会は、多くのサブ（部分）社会から成っており、個々のサブ社会は、それ自身の習慣・規約・論理・倫理等々をもち、そこから独自の価値観が生れる。異った価値観の間には、本来、上下・優劣はない。従って、社会が全体として存立してゆくためには、各サブ社会が互いに他のサブ社会のもつ価値観を尊重しあうことが前提となる。しかし、まさにこのことが、わが国においては十分に行われていないように思われる。さきに牢獄とか固有時とか言ったのは、このようなサブ社会の様態についてであった。そしてここに、例えばオウムのごとき事件を生み出す土壌があった（とくに事件の主導者を育てた諸大学のあり方そのものに）。

定年退職後、一番有難く思うのは、それまで自らが属していたサブ社会を、外から客観的に眺められるようになったことである。その結果、他のサブ社会や社会全体のことにも注意を向ける余裕ができた。以前のように公私の区別をつける必要もないので、精神衛生上もまことによろしい。ようやく人間らしい生き方を取り戻せた、と言えようか。まったく子供のころに帰ったような気分でもある。

おそらくこのことは級友諸氏においても同様かと思う。ともに余生を思いのままに生きようではありませんか。

（一九九五）

主題と変奏

主題

先日、『プリンキピア』（ニュートン祭 機関誌）編集者から、今年度号に何か書かないか、とのお誘いを受けました。とこうするうちに締切日も迫ってきましたので、ようやく意を決し、筆をとりあげたところです。そのことはともかく、ニュートン祭が今年も賑々しく挙行されるとのよし、喜びにたえません。

私は根がお祭好きでして、大学在籍中もニュートン祭となると急にいきいきとなり、あれこれの行事にすすんで参加したことでした。物理学を専攻するということで結ばれた人達が、日頃の教官と学生といった関係など一切忘れ、年末のひと時をともに楽しむということは、それだけで大いに意味のあることだと今でも思っております。

さて『プリンキピア』今年度の主題は、「あなたの大切なものは何ですか」であり、とくに物理観と人生観とがどのように関連しあっているか、を明らかにしてほしいとの注文です。しかし、これから物理学と本格的に取り組もうとなさっている学生の方達と、私のように自らの研究生活をほぼ終えてしまった者とでは、物理学との関わり方にも大きな相違があるはずです。そのようなわけで、私がこれから申しますことの中に、はたして皆さん方の参考になる点がありますかどうか、あまり自信がもてませんが、ともかく現在の心境などを中心に書き綴ってみることといたします。

変奏Ⅰ

私が本格的な物理学を初めてかい間見たのは、中学二、三年の頃です。早熟な友人のKが、今にして思えば、かのローレンツ変換の式を自慢げにみせてくれた時にさかのぼります。それ以来、ほぼ五十年間、時期に応じてさまざまな仕方で物理学という学問と付き合ってきました。このことについては、私の退官の折りの最終講義「物理学について」で詳しく述べましたので、その講義録のプロローグの部分から少し引用してみます。

〝はじめ宇宙船に乗って空間をさまよっていますと、遠くの方にキラキラと輝く美しい星――「物理星」――が見えてきます。それにひかれて段々と近づいて行きますと、物理星にも山や谷のあるのが見えてきます。そしてもっと詳しく知りたいとの衝動にかられて、その星に着陸し、そこにある石や草木などを調べ始めるのですが、これが大体二十五〜三十歳の頃かと存じます。そのうちに個々の木のみならず、森や林の形をも知りたくなり、高みへと登って周囲を見渡します。これが次の五年間にあたります。そしてさらには、より大きな構造を探ろうと再び宇宙船に乗って離陸し、物理星を外から眺めます。大体これが三十五〜四十歳の頃でしょうか。宇宙船はその後、時とともに物理星より遠ざかり、現在は物理星と他の星たちとの関係、星座の中でのその位置づけなどが見渡せる場所にまで来ております。〟

このように、私の物理学との関わり方は四十歳あたりを転回点として、その前後がいわば対称な形になっていると言えます。つまり四十歳までは研究対象が徐々に専門化し、細かいことへ細かいことへと向かって行ったのですが、四十歳以後は反対に、もっと、大づかみな、より原理的なものへと関心が移ってきております。

現在興味をもっている、物理星と他の星たちとの関係といいますのは、もちろん、物理学とその周辺の学問との関係のことです。そして現在の私が自問自答を試みている問題とは、「自然界にはなぜ法則が存在しうるのか」、「物理法則が数学によって表されるのはなぜか」、「法則を私達が認識できるのはなぜか」等々なのです。このところ私が哲学書をひもといたり、脳についての講演を聞きに出かけたりしているのは、このような動機からに他なりません。

そこで「今のあなたの物理観は？」と訊かれたとしますと、若い頃とは大いに違って、物理学とは「自然理解（または世界理解）のための一つの立場」なり、と答えるでしょう。あるいは、「思想としての物理学」と言ってもよいかもしれません。

よく世間では、「科学技術」とひとまとめにし、科学と技術とを同類同根のものと見なしているようです。しかし、物理学を上のように考える私にとって、この言葉は非常な違和感をもって響きます。科学と技術とは、方法はともかく、目的とするところが、本来、大いに異なっているからです。せめて「科学・技術」としてほしいものだ、と常日頃考えています。

変奏Ⅱ

編集者のもう一つの注文は、私の物理観が人生観とどのように関係しているか、との問題です。ことのついでに問題をもう少しひろくとらえ、まず私の「人間観」から始めましょう。再び「物理学について」のエピローグから引用します。

〝宇宙は物質よりなる、一つの有機的な全体であります。……私達人間も、この物質の中における、いわば一つのさざ波であります。そして、私達の精神現象といえども例外ではなく、大脳中枢にある巨大分子または分子系の振動現象に他なりません。〟

というわけで、人間の身体的構造や機能のみならず、精神的現象すらも、将来にはかなりの程度まで、物理的解明の手が及ぶのではなかろうか、と想像しています。つまり、「生物物理学」がゆくゆくは、「精神物理学」をも取り込むことになるでありましょう。ざっとこういったところが、私の人間観です。

次に人生観となりますと、これは物理学者としての私個人の生き方に関わる問題です。三たび「物理学について」から引用します。

はじめにも述べましたように、私の物理学との関わりは五十年に及ぶのでありますが、この間に私のやって参りましたことは、「研究」というよりはむしろ「鑑賞」ではなかったのか、と近頃思い返しております。大物理学者たる名匠達の創った作品、喩えば焼き物を、いろいろな角度から、そしていろいろな光のもとで眺め、ときにはそれを手に取って釉薬の滑らかさや、底の面のざらざらした感触を楽しむ、そういった類いの鑑賞をやってきたに過ぎない、という気がいたします。

私の実質的には四十年に及ぶ研究活動とは、結局のところ、この程度のものだった、というのが現在の私の偽らざる実感なのです。

変奏Ⅲ

ところで最近では、鑑賞の範囲をさらにひろげ、物理学や音楽（これにはかなり年季を入れました）だけでなく、哲学、文学、美術にまでも及ぼしてみたいと欲張っています。私のこれまでの生活は、実を申しますと、物理学を中心とした研究や教育に、まったく忙殺されてきました。その結果、自分が専門馬鹿というか、おそろしくいびつな人間になっていたことに、今頃になってようやく気付き、ハッとしているところです。鑑賞範囲の拡大は、実はいびつさの矯正対策なのです。

人類はこれまでに、いろいろな分野で、文字どおり超弩級の天才を生み出してきました。これら天才たちは、あるいは深遠な哲学や思想を展開し、あるいは素晴らしい小説や詩を、絵や彫刻や音楽を創り出し、文化遺産として私達に残してくれています。もしそれらを十分鑑賞することなしに一生を終えるとしたら、まさに宝の持ちぐされで、なんとも勿体ないことではなかろうか、とこのところつくづく感じております。そういうわけでこれからは、時間と体力とお金の許す限り、できるだけ多くの「名作」を鑑賞してみたいと願っています。

コーダ

変奏上のしきたりにより、最後は与えられた主題「あなたの大切なものは何ですか」に帰らなくてはなりません。しかし、この問いに対する私の答えはすでに明らかです。「自由」が今の私にとってもっとも大切なのです。あるいはもう少し具体的に、「自由な時間」と言ったほうがよいかもしれません。自由な時間さえあれば、上に述べた私の願いが、ほぼかなえられるからです。

現在私は、週に一、二度東京の私大へ出かけるだけですので、よく友人達から「悠々自適の生活ですな」と言われています。しかし当人にとっては、生来の貧乏性なのでしょうか、毎日があくせくの連続であり、余裕のなさは以前とまったく変りないのです。これではとうてい私の願いをまっとうすることはできそうにもありません。自由とは、どうやら他から与えられるものではなく、自ら努力して勝ち取るべきもののようです。

ニュートン祭一九九三の成功を祈ります。

（一九九三）

戯論〝柿くへば鐘が鳴るなり法隆寺〟考

まえがき

以前『図書』誌に、俳人坪内稔典氏によるエッセイシリーズ「柿への旅」が三十回にわたって連載されていたことがある。柿についての、俳句はもとより、よろずのことどもが盛り込まれていて、さながら〝稔典柿百科大事典〟の観があった（以下〝稔典〟と略称、その後『柿日和』としてまとめられたらしい）。柿については私自身もいろいろと想い出があるので、忽ちのうちに稔典ファンとなり愛読していたことである。

子供の頃、北陸の山間の生家には、〝里古りて柿の木持たぬ家もなし〟（芭蕉）で、七、八本の柿の木があった。柿は家で穫れる唯一の果物であったが、生柿よりも干柿のほうが好きだった。渋柿の皮をむき、囲炉裏の上に吊して、いわば燻製にする。水分が抜け十分にしぼんでくると湯洗いをし、藁にくるんでもう一度乾かす。やがて表面に白い粉が吹き出てくれば食べ頃となる。

しかし柿についての想い出となれば、味覚よりはやはり視覚である。柿を採るとき、もちろん家で食べる分だけに限るので、殆どの柿はそのまま採り残すのがつねであった。それらがやがて熟れてくると、さながら枯れ木に花となる。この花が夕日に映えてヴァーミリオン（あるいは〝照柿〟）色に輝く――その光景がいかにも和やかで、村の秋景色の一つとして、今でもまざまざと瞼に浮かんでくる。そのせいか、あるいは生来のことかもしれないが、ヴァーミリオンは私の大好きな色なのである――中学の〝図画〟の時間でも、この色を多用していたのだった。

稔典の魅力に、こうした子供の頃の想い出が重なって、これは良い機会とばかり、私も宗匠の後ろからとぼとぼと、柿への旅に同行することとした、もちろん無断でのこと。これはまことに楽しい旅であるとともに、他方ではまた、もの思わせること多い旅でもあった。以下は、その第一報である。


旅に出て、まずことのほか私の興味をそそったのが、表題に掲げた子規の句の成立に関わる物語である。当時の子規や漱石、そしてその周辺の状況が事細かに、そして臨場感豊かに語られていて、まさしく稔典中の白眉である。その結果、日頃は俳句などとは無縁な物理屋も、この句を巡って、様々な妄想へと駆り立てられることとなった。ここに妄想とは、単純・短絡・

形式的、かつ独断・我田引水的な推測、と了解されたい。以下はそのあらましである。

はじめに、これからの所論の基礎となるべき諸々の事実を、稔典の中から抽出しておこう。

㈠　明治二十八年、愛媛県の『海南新聞』に次の句が掲載される。

まず九月六日付に

(a)　鐘つけば銀杏散るなり建長寺　　漱石

続いて十一月八日付には

(b)　柿くへば鐘が鳴るなり法隆寺　　子規

㈡　この年の五月、子規は日清戦争への従軍から帰国の船中で喀血、神戸の病院で療養後、八月下旬郷里の松山に帰る。当時、漱石は松山の中学教師であり、その住居〝愚陀佛庵〟に転げ込む。子規は一階を、漱石は二階を占め、約五十日間、共同生活が続く。この間子規は盛んに句会を催し、漱石も屢々これに加わったという。

㈢　子規は大変な果物好きであり、エッセイ「くだもの」（これは岩波文庫『飯待つ間』に所収）によれば、〝樽柿ならば七つか八つ、……食うのが常習であった〟らしい。また、〝我死にし後は〟として、〝柿喰ヒの俳句好みしと伝ふべし〟とさえ認《したた》めていた（明治三十年）。

㈣　子規が漱石に付けた渾名は〝柿〟であった。その理由は〝ウマミ沢山　マタ渋ノヌケヌノモマジレリ〟だったとか。他にも仲間の俳人を食べ物に喩えていたらしい――例えば、碧梧桐は〝つくねいも〟、虚子は〝さつまいも〟の如くに。

㈤　松山での子規は、しばしば漱石に小遣いをねだり、それでもってあちこちへ旅行していた。十月に東京へ帰る際にも十円ほど借りた。しかしその途次、奈良に遊び、くだんの句が生まれる――〝恩借の金子は当地に於いて正に遣い果し〟た結果の一つとして。

㈥　奈良滞在中の某日夕刻、東大寺近くに投宿し、早速女中に柿を所望。皮をむかせているときに、寺から初夜の勤行を告げる鐘が聞こえてきた（これも「くだもの」に書いてある）。

㈦　子規の周囲に居た人たちは、当初、句(b)を左程の名句だとは考えなかったらしい。実際、碧梧桐・鳴雪・虚子による『子規句集講義』（大正五年）や、碧梧桐・虚子編の俳句選集『春夏秋冬』（明治三十五年）の秋の部にも、この句は入っていないという（ただし、これは稔典ではなく宗匠著の岩波新書『正岡子規』による）。

さて、これらの事実の分析・綜合から、前出の二句(a)、(b)について、いろいろと勝手な妄想が生れてくる。両句とも〝AすればBなりC寺〟という同一の構造（以下〝ABC構造〟と呼称）を持っており、事実㈠、㈡を考慮するとき、子規は漱石の句を真似た、あるいは参考にしたと考えてよかろう――互いの句作について知悉し得る環境にあったから。

そこで私の如き門外漢に直ちに起ってくる疑問は、同一のABC構造を持つ二句であるのに、その文学的評価が、(b)は名句だが(a)は月並みと、かくも大きく違ってくるのは何故か、である。

早速バイブルの稔典を開いてみると――

もっとも漱石の句はあまりにも平凡。いかにも古刹の風景であり、ごく自然に銀杏が散っている。だが、子規の句の鐘はあっと驚く意外な鳴り方をしている。柿を食べると、あたかもそれに合わせたように鐘が鳴るのだ（傍点筆者）。

どうやら評価の分かれ目は、二つの事象A・Bの組み合わせが、平凡・自然（よって月並み）であるか、意外であるかに懸っているようである。ここで意外とは、近年流行の想定外と同じく、事象Aから事象Bを想起することが、通常はあり得ないとの謂であろう。これをいささか形式的に、あるいは科学的（？）に表現してみれば、次のようになる。二事象A・Bの相関関係が薄い、両者間に因果関係（原因Aが結果Bを惹起する）がない、もしあったとしても両者が同時に生起する確率は小さい、等々。

このように言うと、意外か否かの判別は、すこぶる客観性をもつように聞こえてくるが、あながちそうとも言い切れない面もある。A・B間に潜む緊密な関係を、当人がたまたま知らなかった、というような場合が起り得るからである。確率の計算でも同じことが言える。要するに、意外と言うとき、当人の意内には何があったのか、つまり、AやBに関してどの程度の知識や経験があったのか、に判断は大きく左右されることになる。さらに一般的に言えば、意内にあるものの総体は、当人の属する集団《コミュニティ》における常識ということになろうか。

このような主張を支持する好例が、句(b)に対する評価に見られる。事実㈦によれば、子規をよく知るはずの門下生たちは、当初この句を余り評価していなかったらしい。事実㈢、㈥にあるように、彼等は子規が柿好きであり、どこへ出掛けるにも懐に二つや三つ柿を入れておく、茶店に入ればまず柿を所望する、……、というような人であることを熟知していた。実際子規には、〝帰るさの柿を入れたる袂かな〟(明治三十一年)、〝風呂敷をほどけば柿のころげけり〟(明治三十二年)などの句もあるとか。従って、その子規が柿を食べている(A)ときに、たとえ鐘が鳴った(B)としても、門下生にとってそれは、何ら異とするに足りない、まったく当たり前の情景に見えたであろうこと必定である。そしてこれが事実㈦となったと思われる。

このように見てくると、句の評価は、それを評価する人の器量による、あるいは、その器量に応じて、句は様々な側面を見せる——というごく当り前の結論に帰着する。余談になるが、この点で、俳句は素粒子に似ていると言える。素粒子も観測の仕方に応じて、粒子に見えたり(平凡)、波に見えたり(意外)するからである。もっとも量子力学を知っている人には、双方ともにまったくの平凡となる。

〝法隆寺の門前に立ち、柿をがぶりとかじると(A)鐘がゴーンとなる(B)〟のは、そこにハイテクの装置があるからか、という話が稔典に出てくる。この場合には、二事象A・B間に因果関係を想定している。しかし物理的に観るならば、因果関係がありそうなのは、句(b)ではなくて、むしろ句(a)のほうなのである。おそらく大抵の人は、句(a)で銀杏が散る（B）のは、鐘をつく（A）ということの結果としてではなく、いつものように辺りには多少の風が吹いていたからだ、と考えるに違いない。そのほうがむしろ自然な考え方ではあろう。しかし物理的には、以下のような現象もまた起り得るのである。

そこで突如舞台を転換、大和は国のまほろばから、墺太利は楽聖の地ザルツブルグへと移る。以前は殆ど毎夏のようにこの地を訪れたものだが、滞在中昼間は大抵暇なので、〝ハウス デァ ナトゥア〟という科学博物館を覗いたりしていた（このような余裕は、日本ではないので）。ところで、そこの展示の一つにこういうのがあった。大きなドラムを叩くと、数メートル離れたところに吊るしてある沢山の小片が揺れる、というローテクの装置である。種明かしをするまでもなく、ドラムの膜の振動が音波として空気中を拡がってゆき、それを受けて小片が揺れるまでのこと。

そこで次のような状況を想像してみる。晩秋の夕刻、建長寺の境内にはまったく風がない。若い僧が寺から出て来て、初夜の勤行の鐘をつく（A）。するとまさに散らんとしていた銀杏の葉が、その影響で、パラパラと散る（B）。ここでのAとBは、先の展示の場合と同様に、正真正銘の因果関係にある。もっとも、このように理想的な状況は滅多に実現されるものではなかろうが、しかし絶対に不可能だとも言い切れないのである。従って、このように稀な出来事にたまたま遭遇した人々は、まさしくハッとするような意外感を覚えるに相違ない。そして漱石もそのような一人だった——かもしれないのである。とすると、句(a)もまた、句(b)と同程度の評価を受けてしかるべきこととなる。

再び主題の句(b)に戻る。子規自身も当初、この句が自分の代表句になろうとは思っていなかったのではないか。漱石の句(a)を知り、〝同じＡＢＣ構造でも、こんなのは如何〟と漱石に対して、半ばからかい気味に作ったものではないか、と私は思いたいのである。

ここでは、事実㈣を思い出して頂きたい。子規が漱石に対して〝柿〟と言えば、後者はまず〝俺のことか〟と思うに違いない。従って〝柿くへば〟は、尠くとも二人にとって、〝漱石をくへば〟と人を食った話になるはずである。

この場合、〝漱石を食う〟には、差し詰め二つの意味が考えられる。第一に、〝漱石の句のＡＢＣ構造を借用すれば、こんな気の利いた句ができますよ〟であり、第二には、事実㈤により、〝漱石から借りたお金を使った結果が、この句です〟ということである（後者に似た考え方は、宗匠著の『俳句のユーモア』にも述べられている）。何れにしても、子規がニヤリとしながら、〝どうです、あんたの句よりはいいでしょう〟と漱石に対して自慢している姿を、私は想像したいのであるが……。

あとがき

以上が、旅に出てまず門外漢の頭を掠めた妄想である。ともあれ、句(b)に対する評価が何ゆえ突然に変ったのか、専門家による説得力ある説明を望みたいものである。憶説を述べれば、事実㈢を知らなかった大俳人あるいは大評論家が〝これぞ名句〟と宣言し、他がその権威に追従したのではなかったか。また、句(b)におけるCが、なぜ東大寺ではなく法隆寺になったのか、についても説明が欲しい。所詮、詩は虚構であるからか。

終りに蛇足を一つ。ＡＢＣ構造に惹かれ、私も文字どおり〝俳・諧〟的なメイ句を試みてみた。下ネタばかりで恐縮であるが座興として、ここに紹介させて頂く。

　厠の秋

芋くへば尻が鳴るなり放流時　亀裂

　ハプニング

大くしゃみ越中外れ金閣寺《きんかくし》　提行

（ただし、第二句は友人Ｗ氏との合作なので俳号を変えておいた。）

なお、第二報「俳句と諧謔性」、第三報「デシタル俳句」は稿を改めて報告したい。

（二〇一九）

緑の丘の風景――昔と今

私の〝バイロイト詣で〟(ドイツはバイロイトで毎夏行われるワーグナー音楽祭へのこと)は半世紀以上の長きにわたる。最初は一九五八年、そして最近は昨夏の二〇一〇年(付註、実は二〇一三年にも)、この間何十回この地を訪れたことか。とくに昨夏は、年齢的にみて恐らくこれが最後と思ったためか、懐旧の念に駆られることが多く、改めて今昔の変化の大きさに驚かされた。ここではその一端を、祝祭劇場周辺に起こった事どもを中心に、点描を試みたい。以下で〝昔〟とは一九五八年前後を意味する。先ずは名刺代わりに――(内村)鑑三を贋造して――

余は如何にしてワグネル信徒となりし乎

恐らく本誌(日本ワーグナー協会季報『リング』)読者の多くはCDやDVD、そして屢々行われるワーグナー公演を通じて、さらには協会主催のゼミナール等で十分な研鑽を積んだ後、その総仕上げとしてバイロイト音楽祭（以下ＢＦと略）があるのではなかろうか。しかし私の場合には、これとは全く正反対であった。

一九五六年私は渡欧した（六三年まで滞欧）。当時の日本はなお〝戦後〟であり、極めて貧しかった。海外旅行も国内外の公的機関が経費全額を保証する場合にのみ、旅券が発行された。私的にもち出せる金額はたったの五ドル。こうした事情であったから、将来再び渡欧することもあるまいと思い、この機会に〝何でも見てやろう〟と決意した。この〝何でも〟のリストの中にザルツブルグやバイロイトの音楽祭も含まれていたという次第。

もともとクラシックのファンではあったが、ワーグナーについて言えば、ただ幾つかの序曲を聴いた程度。そのズブの素人が突如ＢＦに乗り込み、忽ちの中に敬虔極まりないワグネル信徒に回心したのであった——つまりは安手のインスタント　ワグネリアンというところ。

それでは一体、ＢＦ一九五八の何にそれ程感動したのか。重要さの順に列記すれば、⑴ウィーランド　ワーグナーによる〝新バイロイト様式〟の演出——その斬新さと美しさに恍惚とした、⑵初めて耳にする超弩級のワーグナー歌手たち（Ｗ・ウインドガッセン、Ｂ・ニルソン、……）の歌唱、⑶結局のところ、ワーグナー楽劇の音楽が自分の性に合っていたこと、となる。何れにせよ、ここでの体験は、私のそれまでのオペラ観を根底から一新した。前置きが長くなったが、ここからが本題の点描である〝緑の丘〟のことから。

緑の丘

祝祭劇場の置かれた〝祭りの丘〟も、大いに気に入った。町なかの喧騒にまみれた歌劇場とは異なり、それはまさにワグネル教の神殿に相応しい環境であった。加うるに、深々した緑の中を登ってゆく〝ジーグフリード ワーグナーの坂道〟もまた、神殿に導く参道としては理想的であった。私を含め多くの参詣者たちは、公演前、期待に胸をふくらませながら、ゆっくりと参道を登って行ったものである。

しかし、何時の頃からか、劇場裏手の左側に大きな駐車場が出現し、状況は一変する。参道は車道と化し、歩行者は脇道に追いやられてしまった（付註、二〇一七年以降はテロ対策のため車は通行できなくなった）。さらに年によっては、全く余計と思われるようなグロテスクな彫刻があちこちに置かれたりする。昨二〇一〇年は四年ぶりに訪れてみると、劇場左側の柵の向う側には、新設のレストランの白いパラソルが林立していた。事程左様で、かつての古刹の如き雰囲気は最早ない。

Suche Karten

ＢＦは切符入手の最も難しい音楽祭である。しかし昔は、前年の〆切前に申し込んでおけば、殆ど確実に入手できたばかりか、座席の希望すらも大体叶えられた。また公演中、さらなる切符を欲しくなった場合でも、切符売場に日参すれば何とか入手できた。

〝今年はＢＦには行かない〟と決めていても、夏が近づくと無性にＢＦが恋しくなってくる。そういうときには、屢々全く切符なしでバイロイトに乗り込み、切符売場近くの〝Suche Karten〟（切符を求む）の群れに加わった――冷雨の朝も、炎暑の午後も。ただ昔は大抵の場合、群れの中の東洋人は私だけであり、切符を譲りたい人は先ず私に声を掛けてくれた。恐らく「遠い国から来ているのに……」と同情してくれたのであろう。全然成果のない日もあったが、成功率は五割以上だったと思う。〝七演目中六演目まで成功〟がこれまでの記録である。

ただ感心したのは、ザルツブルグなどと違って、切符の授受は必ず原価で行われたこと――これもワグネリアン同志の仁義であろうか。今なら笑える失敗談もいろいろとある。例えば、開幕数分前に切符を入手、「十九マルク」と言うのを九十マルクと聞き違え、百マルク紙幣を渡し「お釣り不要」と叫ぶや否や劇場へ転がり込んだことなど。

切符授受の際の相手の言葉は「リング（ニーベルングの指輪四部作）の切符を二セット入手

したが、私たち夫婦は経済的に全部を観る余裕がない。前半分を譲りたい」とか、「父の危篤で帰宅するので」等々、"Suche Karten"にも人生の縮図があった。それもこれも若いからこそ出来たこと。今でも"Suche"をしている人を見ると、昔の苦労が想い出され、「ご苦労さん」と声を掛けたくなる。

パウゼ

ＢＦでのパウゼ（休憩時間）はゆうに一時間はある。この間劇場の周りをぶらついていると、いろいろと面白い人に出会う。中にはＢＦの生き証人というような人もあったりして、パウゼといえども興味津々である。こうしたことの詳細については、以前に〝パウゼの楽しみ〟として書いておいたので（付註、次のエッセイ）、ここでは省略する。

拍手

些か大袈裟な言い方になるが、昔のワグネル信徒たちは、私をも含めて、ワーグナーやその作品、そしてそれを最高の形で上演してくれるＢＦ当局、このいわば〝三位一体〟に対して一種畏敬乃至は感謝の念をもっていたと思う。そのごく自然な成り行きとして、劇場古来の仕来りや諸規則をば、文字どおりに遵守していた。神殿内で信徒たちはまことに神妙であった。その好例が〝パルジファル〟の場合である。〝舞台神聖祭典劇〟とされているので、始めから終りまで拍手は一切なし。従って勿論、カーテン コールもない。ただ静々と入場し静々と退場するのが慣わしであった。私が初めてBFでこの楽劇を観たのは一九六〇年であるが、誰一人としてこの秘儀を破る者は居なかった。因みに、私はただ一度だけH・クナッパーツブッシュの指揮に接したことがあるが、幸か不幸か、それがこのときだったので、彼の姿は見たことがないのである。

この奥床しい慣わしは、しかしながらパルジファル初演百周年の一九八二年に至り、BF側が変更してしまう。ことの経緯は定かではないが、〝拍手なしは第一幕後だけでよい〟ということになる。ところがこの新方式も、今度は観客側によってなし崩しにされてゆく。当初は一幕後に拍手する人はごく少数であり、あちこちで起こる「シィッ」「シィッ」の声がそれを制止していた。しかし年とともに拍手をする人が増えてゆき、現在ではそれが圧倒的多数となっている。古来の仕来りがこうして次第に消えてゆくのは、まことに淋しいかぎりである。

聖地

かつてBFこそはワーグナー上演の規範・典型であり、他の歌劇場では、この総本山の意向を尊重し、その方式を踏襲することをもってよしとしていた——ようである。再びパルジファルの例を取ると、これはBFのためだけに書かれた作品であるので、欧州の他の歌劇場では尠くとも三十年間はその上演を自粛した（但し米国では一九〇三年〝メト〟ことニューヨークの〝メトロポリタン歌劇場〟がこの禁を破った）。また解禁の後もBFでの方式に出来得る限り忠実であろうと努めていたかに見える。

私が初めてパルジファルを観たのは一九五九年ロンドンの王立歌劇場であるが、指揮者がオケピットに現れても、そしてそれ以後も一切拍手なしであった。〝聖祓劇パルジファル〟のわが国での初演は一九六七年であるが（二期会公演、若杉弘指揮読響）、ここでは更に徹底していて、拍手なしは勿論のこと、オケピットもバイロイト並みに覆ってしまったという。

たそがれ？

しかしBFの聖地としての特権的地位も年とともに弱体化してゆく。その理由としては、(1)BF一八七六（ワーグナー自身が第一回の音楽祭を行った年）の〝神話〟も、やはり時とともに印象が薄れてゆくこと、(2)中興の祖ウィーランドの新バイロイト様式がもっていたような強大な求心力を無くしたこと、(3)世の中が多様化し、ワーグナー上演も各地でそれぞれ独自の形で行われ始めたこと、等々が挙げられよう。

このため例えば、かつてはBF出演をこのうえない名誉としていたワーグナー歌手たちも、練習も含め長期の滞在を強いられるBFは避けて他に走るようになる。その結果、ときにはこれがBFかと思われるような水準以下の、そしてさらにはBFとしての品位を欠くかのような公演すらも目につくようになっている。

近い将来、中興の祖が再び現れない限り、BFはひたすら〝たそがれ〟へと向かうのではなかろうか。エヴァとカタリーナ（ともにワーグナーの曾孫）の協力体制にも、その任は重過ぎるように見える。

マナー

昨夏のBFは四年ぶりだったせいか、とくに劇場内での観客のマナーが悪化しているのに驚いた。プログラムには各種カメラやケータイの使用は禁止、と誰にもわかるように図示してあるにも拘わらず、である。デジカメで開幕前やカーテン コールの際に撮影するのはまだ許すとしても、公演進行中の舞台を撮るに至っては、まことに言葉もない。デジカメの明るい背面が前方のあちこちでチラチラするのは、著しく目障りであるばかりか、演出効果をも削ぐ。

伝聞したところによれば、こうした人々の中にはわが協会員も含まれていたとか。「かつてのワグネル信徒たちと同じ戒律を若い人にも……」とは言わない。しかし次の事柄だけは心に留めておいて頂きたいと思う。

劇場側の要請する諸規則は、観客が互いに他の鑑賞を妨げないための最低限の条件である。さらに言うならば、こうしてBFを楽しむ機会を得たことに関し、あるいは“Suche Karten”などの労を執ることなく切符を入手出来たことに関し、協会員の各々が些かでもBF当局に対して感謝や恩誼の念を抱くとするならば、それに報いるためになし得ることは、諸規則を守ること以外にはない。もっとも、マナーの悪い人々が多数を占める現状では、残念ながら、たとえ少数の協会員がマナーを守ったにせよ、劇場全体の雰囲気改善には焼石に水かもしれない。しかし、マナーを守るか否かは一人ひとりの心の問題であり、他人の振舞いとは無関係の筈である。一考をば求めたい。

以上の点描の総括として、BF半世紀の変化を標語的に表すならば、〝聖から俗へ〟となるであろう。〝エヴァ・カタリーナ体制〟がこれに拍車を掛けているのではないか、と惧れる。バイロイトがディズニーランドとはならないようにと、切に祈る。

（二〇一一）

パウゼの楽しみ

バイロイト音楽祭（以下ＢＦと記す）の幕間のパウゼ（休憩時間）は、ゆうに一時間はある。その間に前の幕の疲れをいやすことができるし、また劇場の周りを歩いていると、いろいろな人たちと、いろいろな形での関わりあいが生れてくる。

私が初めてバイロイト詣でをしてから、もう半世紀以上になる。この間、機会あるごとにこの地を訪れてきたが、回を重ねるうちに自ずと何人かの顔見知りができた。軽く会釈しあい、「おや今年もお会いできましたね」程度の言葉を交わすだけで、互いにそれ以上は立ち入らない。劇場に居るときだけの、いわば〝ＢＦ友だち〟である。アテネからの老婦人は「二十年間、毎夏ここに来ています」と言っていたが、このところ見かけなくなった。パリ在住という日本人老紳士についても同様である。病気なのか、あるいはもう亡くなったのか、と気にかかる。

髭もじゃの顔に太縁の眼鏡をかけ、白の短か袖シャツに黒の短パン、左肩から鞄を襷掛けにして、毛脛丸出しの中年男、彼の姿も近年は見かけない。夏のミュンヘン オペラ祭最終日の

〝マイスタージンガー〟でも、バイロイト式の〝Suche Karten〟をやる程の猛者だったのだが。身体障害のある若い男の人も、しばらく見かけないので心配していたが、数年前から再登場したのでほっとしている。公演の前後、職員出入口の前でも必ず見かける。

BFではスタッフ側の高島さん(演出)や真峰さん(オケ)と親しくなれたのも、パウゼのお蔭である。BFの内輪話を聞いたり、ときには劇場の裏側にも案内してもらった。職員食堂でB・ワイクル夫妻をも交えてお茶を飲んだり、隣のテーブルの某女性大歌手の偉容を目の当たりにしてたじたじとなったりしたのも、こういった折のことである。しかしこんな形の内外交流も、ときには思わぬ弊害を生むことから、近年はかなり自粛されているようである。年とともにのどかさが薄れ、段々とせちがらくなって行くのは、何れの世界でも同じである。

BF二〇〇〇でも貴重な出会いがあった。G・シノポリの指揮で新演出の〝リング〟(〝ニーベルングの指輪〟)が始まった年である。第二チクルスは三日目、〝ジーグフリート〟の日のことである。その日は久々に夏が戻り、朝から暑さが続いていた。一幕後のパウゼ、劇場左側の緑の斜面を上り、〝マツザカ彫刻〟(マツザカ氏寄贈の巨大な抽象的造型)近くのベンチに妻とともに坐り込み、涼をとっていた。と、そこへ気品のある老紳士がやって来て腰を下ろし、やおら私たちに話しかけてきた。以下はその会話である。ともに耳が老化しているので、話し合いは、時折、難航したのであったが。

一切の前置きなしで、彼は核心に斬り込んできた。

彼「あなた方東洋人に、こうした西洋の芸術は、一体、どの程度わかるのかね。東洋の伝統的芸術を、この私が理解できるとは到底思えないので訊ねるのだが。」

私　これは私たちも、常々思い悩んでいる大問題です。私は理論物理をやっていまして、洋の東西とは無関係な自然や宇宙を相手にしています。しかし、学問的な考え方や方法では、東西間に大きな相違のあることを日頃痛感しています。芸術の場合にはなおさらでしょう。私たちのワーグナー理解も、結局は皮相的なものに留まるのでは、と恐れています。

「ほほう、あなたは科学者ですか。私は歌手でした。ワルター　フリッツ——といってもご存じあるまいが、一九五一年、戦後初のBFでローゲ役を歌ったテノールなんだよ。」

えっ、本当ですか。そんな歴史的な方にお会いできて光栄です。もっとも、私が初めてバイロイトを訪れたのは一九五八年でして、五一年のことはよく知りませんが。

「なに、五八年にあなたのお父さんがここにやって来たというのかね。」

いいえ、やって来たのは私自身です。（この年になっても私は、とくに外国では、若く見られがちなのである）

「で、そのときには何を観たのかね。」

ウィーランド（ワーグナー）演出の〝マイスタージンガー〟と〝ローエングリン〟、それにヴォルフガング（ワーグナー）演出の〝トリスタンとイゾルデ〟です。とくにこの〝トリスタン〟では、W・ウィンドガッセンとB・ニルソンが主役を歌いましたが――この二人組はその後も何回か聴きましたけれど――私の経験した最高のトリスタン・イゾルデです。

「うん、ウィンドガッセンは立派なテノールだった。彼は私と同じシュトットガルトの出身で、子供のときからよく知っていた。私よりも三歳年上だったから、いま生きていれば八十八歳の筈だ、つまり私はもう八十五歳にもなっている。」

少し質問してもよろしいでしょうか。あなたのご存じの中で、最高のトリスタン歌いは誰ですか。

「トリスタンなら私も歌ったがね。ウィンドガッセンもよかったが、最高というならば、やはりL・メルヒオールやM・ローレンツだろう。」

イゾルデでは如何でしょうか。

「イゾルデやブリュンヒルデではA・ヴァルナイやM・メードルを想い出す。しかし私の好みからすれば、K・フラグスタッドとなる。」

ヴォータンはどうでしょうか。

「ユウシ・ビィヨーリングの兄の――と彼は言ったが、これは誤りのようである――ジィグルード・ビィヨーリングだね。」

（それにしても古い名前ばかりが出てきたものである。感性も清新な、より若い頃の感動のほうが、より強い印象として、後々まで心に残るのであろうか）

現在の演奏水準は、あなた方の時代と較べて、向上しているのでしょうか。

「私の専門のテノールの技術は確かに上がっているね。」

オケは如何ですか。

「これは指揮者によるので一概には言えない。ただ今回のシノポリは少し音が大き過ぎるようだ。テキストを一語一語知っている私ですら、歌手の声がよく聞こえてこない。ベームやカラヤンは、もっと静かにやったものだよ。シノポリも、かつての〝(さまよえる)オランダ人〟や〝バルジファル〟のときのように、回を重ねるにつれて良くなっていくだろうがね。」

今回の〝リング〟の演出については？

「物語とは関係のないような舞台では、歌手も気分が乗らず、歌いにくいと思うね。」

「BFの将来、とくに主宰者の後継問題についても、大いに気になるところだ。将来をずっと見守ってゆきたいのだが、何しろこの歳では、来年のBFに来られるかどうかも定かではない。」

「おや、もう第一ファンファーレ（開始15分前）だね。では、これからもBFを大いに楽しみなさい。そしてよい帰国の旅を。」

あなたのような方にお目にかかれて、大変うれしく存じました。どうぞお達者で。

私たちの会話は、おおよそ以上のようなものであった。フリッツ氏が立ち上がったとき、隣りのベンチに居た一組の外国人夫婦がやって来て、「実はあなた方の会話を傍らで聴いていました。興味深い話を有難うございました」と三人に礼を言って立ち去った。ベンチに残された私たちは、〝BFにはいろんな人が来ているとは思っていたが、中にはこんなBF史の生き証人のような人も居るのだね〟と語り合ったことである。

なおフリッツ氏は当時ビーレフェルトに住んでいるとの由。また帰国して調べたところによると、氏のBF出演は一九五一年だけであり、この年はさらに〝第一の聖杯の騎士〟をも歌っていたようである。

ここで、ことのついでに記しておくと、面白い出会いは、バイロイト以外でも、これまでいろいろとあった。例えば一九六〇年、その頃私はロンドンに住んでいた。因みに当時のコヴェント ガーデンは、九月中旬から〝リング〟を二回やり、その後通常シーズンに入るのが常であった。この年も八月にバイロイトで〝リング〟を観てきたのだが、もう一度ロンドンでも観たくなった。切符の準備はしてなかったので、〝神々のたそがれ〟は遂に立ち見となった。なお、この劇場の立ち見席は一階席の最後部にもある。パウゼのとき、ソファに腰を下ろし疲れた足を休めていると、すぐ左に座ったのが、何と私が日頃尊敬して止まぬ大指揮者、オットー クレンペラーその人であった――もちろんこの日は一階席の一観客として。さすがにこのときは緊張の極、終始一言も発することができなかった。

夏のミュンヘン オペラ祭にもよく出掛けた。どの年だったか忘れたが、例によって〝ばらの騎士〟だけは是非見ておかなくては、とこのときも天井桟敷で立ち見をしていた。一幕後、ベンチでぐったりしていると、盛装した一婦人がつかつかと私の前にやって来て曰く、「夫は歌手なので、私たちはこれで家に帰ります。この切符はもう要らないので、あなたにあげましょう。席を教えますからついていらっしゃい。」と。エレベーターで一階席に下り、そこの十三列目中央まで私を導き、「ほうら、私の言ったとおり、こんないい人が見つかったじゃないですか。」と辺りの人たちに言い、さっさと立ち去って行った。お蔭で私は快適な席で、続く二、三幕を楽しむことができた。が、その二幕の途中で気がついた。彼女のいう〝歌手〟には定冠詞が付いていた筈で、それは一幕だけに出演してイタリー歌謡を歌うテノールだったのだと――当夜のこの役はG・ウンガー。その夜私は、早速ウンガー夫人に礼状を書き、翌日劇場に届けたことである。

日本に居るときも私は、比較的よくオペラやコンサートに出掛けるほうである。しかし不思議なことに、上記のような珍しい体験は、これまでのところ、日本では皆無である。何故だろうか。いろいろと考えあぐねた末、一つの仮説に到達した。ご参考までに披露しておく。

外国でのオペラやコンサートでは、何といっても日本人は少数派であり、しかも外見上極めて際立った存在である。その日本人たる私が、多数派の外人たちの中にぽつねんと立っていると、〝この人はもしかしたら淋しがっているのでは、暇をもて余しているのでは、……〟などと彼等も同情し、つい話しかけたくなるのではあるまいか。これに反して日本での私は、たんに多の中の一に過ぎず、とくに他人の関心を惹くような存在でもない。従って、こちら側から余程の努力でもしない限り、話し合いの起こる確率は極めて小さい。

この仮説を正しいと信じて私は、今後もＢＦのパウゼをば、次のように過ごしたいと考えている。すなわち、一人で外人たちの群に入り込んでゆき、さらなる出会いを求め、能う限り孤影悄然と振舞うこと、である。その結果、日本の友人たちとは、いささか付き合いが悪くなるかもしれないが、何とぞご容赦の程を願いたい。

ＢＦでは、パウゼもまた、私にとって大きな楽しみなのである。


（二〇〇五）

ハイゼンベルクと音楽

アインシュタインのヴァイオリン、プランクのピアノや作曲、ボルンのピアノ等々、高名な理論物理学者で音楽を愛でた人は多い。ハイゼンベルクもその一人で、一九六七年来日の折にはピアノ演奏を披露したので、ご存知の方も多いかと思う。私の友人でウィーン大のW・ティリングに至っては〝若い頃かのウェーベルンに作曲を教わり、いまでも時間の半分を物理《フィジーク》に、半分を音楽《ムジーク》に充てている〟との由。実際、私も彼の自作自演のオルガン演奏会をある教会で聴いたことがある。こうなってくると、音楽は趣味の域を超える。

さてハイゼンベルク、幼少の頃からピアノを弾かされていたらしい。やはり大学教授だった父親が強くてよい声の持主で、家でよくオペラのアリアやドイツ リードを歌っていて、その伴奏をさせられたのである。そのために父親が奏法の初歩的な手解きを授けたかと思われる。他にも多少レッスンを受けたらしいが、確かな記録はないという。

このような環境に育ったので、少年時代には友人たちと室内楽演奏を楽しむようになる。ある日のこと、友人の家でシューベルトのロ短調トリオの練習をしていたが、彼等が頻りに〝君もプロのピアニストになれよ〟と勧めるのに対し、ハイゼンベルク少年は次のように言い放った、と自伝『部分と全体』（第二章）にはある——〝音楽界の現状を観るに、今世紀に至って十二音とか無調などといった変な音楽が現れ、そこには明るい未来があるとは到底思えない。これに反し物理学においては、さきに相対論が確立され、また量子論においても機は熟し、まさに革命前夜の予感がする。そこでは自分も何かができそうに思う〟、と。

こうしてミュンヘン大に入学するのだが、当時の技量の程を示すのに格好な挿話が二つある。

その一　ある日のウィーン教授の学生実験でのこと、パウリに課せられたのは音叉の音の振動数測定。しかしそこへ一学年下のハイゼンベルクがやってきて原子物理の話を始めてしまい、気が付いたときには実験時間はなくなっていた。困ったパウリはハイゼンベルクの絶対音感をもとに振動数を算出し、急場をしのいだとか——ハイゼンベルクには生来、この感覚が具わっていたのである。

その二　ゲッティンゲンのボルン教授の下で修業していたある日のこと、教授が提案して二人でピアノの連弾を行った。モーツァルトとベートーベンのピアノ協奏曲を一曲ずつ、一人はソロ　パートを、他はオーケストラ　パートを担当した。おそらく二曲目では互いの役割を交換したことであろう。〝とくにベートーベンのほうは初めての曲だったが、信じ難い程の美しさであった〟と家族への手紙に書いている——この程度の曲なら軽く初見で弾けたということ。

と同時にボルン教授の腕前の程も想像できる。とにかくこの頃のハイゼンベルクは、古典派からロマン派に至るかなりのレパートリーをもっていたようである。

二十五歳でライプツィヒ大の教授となるが、生活も落ち着いた頃、ノーベル賞の賞金で立派なピアノ（Blüthner）を購入、さらに、かなり高名な音楽教師について初めて本格的なレッスンを受ける。ピアノ奏法の他にも音楽理論や作曲法をも学んだらしい。その結果、〝楽譜を仔細に分析すると、そこには数学的な対称性にも似た構造がある〟のを改めて確認する。そのことの説明のためにいつも引用するのが、ベートーベンのヴァイオリン協奏曲第一楽章の第二主題だったとか。この時期にはプロの音楽家と合奏する機会も多かったらしい。

三十五歳で結婚すると、今度はエリーザベト夫人の歌唱の伴奏が始まる。七人の子宝に恵まれるが、長男にはヴァイオリン、次男にはチェロ、三男にはフルート、……と学ばせた。こうしてハイゼンベルク家では、予定どおり、室内楽演奏を楽しめるようになるが、やがて子供らが友人を呼んで来て、自分たちだけで合奏を始める。おそらくハイゼンベルクは、傍らで目を細めて彼等の演奏を聴いていたことであろう。

手許に「ハイゼンベルク家音楽会一九六六年七月三日」のCDがある。この音楽会を実際に聴いた山崎（和夫）さんから頂いたもので、曲目はモーツァルトの協奏交響曲変ホ長調（K. 三六四）とピアノ協奏曲ニ短調（K. 四六六）。ハイゼンベルク家では大きなお祝い（例えば夫・妻の誕生日）があると、このような〝大〟音楽会が開かれたようである。家族や親戚、友人たちに声を掛ければ、忽ちのうちに室内オーケストラが編成された。指揮はちょうどそれを修業中の女婿F・マン（トーマス マンの孫）が務めた。ピアニストは勿論ハイゼンベルク、さすがにプロの演奏とは趣を異にするが、よいテンポでよく歌わせている。皆いかにも楽しそうに演奏しているらしく、その雰囲気が伝わってくる。こういう音楽会が簡単に家庭で開けるとは、まことに羨しい限り――やはり音楽の都だけはある。

同じくモーツァルトの協奏曲を、バイエルン放送交響楽団と共演したこともある。七十歳記念に、彼の強い要望で実現した。その録音を放送すると告げられて大慌て。それを断るために次のように述べたという――〝この共演を望んだのは、自分の技を世に問うためでは決してなく、最高のオーケストラと共演することにより、自らがさらに深く巨匠の音楽を実感できるのではないか、と思ったからである〟と。彼のピアノ演奏は、このように厳しい修行でもあったといえる。

それではハイゼンベルクにとって音楽とは何であったのか。彼の次女バーバラの言葉が、そのヒントを与えてくれる――〝人々が宗教に向うところで、ハイゼンベルクは音楽に向う、とある人が言ったが、これには私も全く賛成である〟と[1]。宗教的とはいえないまでも、彼の演奏行為には、つねに一種の精神的効果が伴っていた、と私は見る。例えば、第二次大戦中の国難な時期には、ピアノはおそらく唯一の慰めであり避難場所でもあったろう。戦争直後他の核物理学者らとともに暫時拘留されたファーム ホール（英国はケンブリッジに近い小村）で彼が行った〝定期演奏会〟も、互いに他を鼓舞するための場であったに違いない。トーマス マンと同じく彼もまた、ベートーベンの最後のピアノ・ソナタ（作品一一一）のアリエッタを称揚した――〝地上の穢れからは隔絶した、全く純粋で精神的なもの〟として。いかなるときも、この曲さえ弾けば、音楽への没入と陶酔が得られた、ということであろうか。

音楽は、物理とともに、人間ハイゼンベルクの全体を構成する部分であり、その全体を保持するための精神的支柱であったか――と私は考えている。

因みに彼の自伝は『部分と全体』と題されている。

（二〇一二）

注1） Barbara Blum *et al.*, "Per Heisenberg", Aracne (Roma) 2006, p. 13.

虚構と真実と

朝永振一郎先生の『量子力学Ⅰ、Ⅱ』は量子力学教科書としては名著中の名著として知られているが、その第Ⅰ巻の英訳版がノース ホーランド社から出版されたのは一九六二年のことである。ローゼンフェルト教授による同書の書評が『Nuclear Physics』誌に載ったのは、それ故、その翌年ころではなかったか。

この巻では、周知のように、従来の古い考え方の無用なことを示唆する多くの研究成果が引用されている。その記述法は、しかしながら、「一見科学史のようでもあるが、史的記述にはなっていない」と言った、些か批判的な書評であった。私はこのことを先生には伏せておこうと思ったが、同僚の一人には話した。ところが彼は、先生を囲む場で話してしまったのである。これは困ったなと思い、一瞬私は緊張した。先生はしかし慌てず騒がず、やや視線を逸らせて一呼吸おき、そしてただ一言——「歴史は司馬遼太郎の方がよく分るということがあるでしょう」と。

その場はそれで収まった。しかし、この先生の応答については様々な憶測が流れた。扇動的な批判や舌鋒にも諧謔性を発揮して軽くいなす、いつもの手だとか、あるいは、物事は真っ正面からだけでなく、斜めに見ることも大切だとの教訓だとも。ただ私は〝真っ正面〟からの方途を選んだ。先生の言葉は深い意味をもつと直覚し、以後も折あるごとにその真意について考え巡らした。いまなお釈然とはしないが、以下にその中間報告を試みる。

古典力学から量子力学への移行はクーンの言葉で言えば〝科学革命〟であり、〝パラダイムの転換《シフト》〟であった。二十世紀に入るや、原子の世界では、従来の古い考え方を根本的に否定するような実験的証拠（以下〝実証〟）が次々と発見されていた。件の教科書における朝永先生の意図は、初心者を新たなパラダイムへと導く行程の各段階において、適当な実証を一つずつ引用して説明することにあった。

しかし説明のための実証の記述順序は、実証の発見順序とは異なる筈である。歴史の展開は紆余曲折の途を辿るのが一般だからである。先述の書評は、この順序の変更を問題視したのに対し、朝永先生の方はそれを容認した点で、「史実の詳細には左程こだわらない歴史小説家に似る」とされたのであろうか。

司馬遼太郎の名前が出たので、歴史家と歴史小説家の相違について、ここで少々考えてみたい。両者がそれぞれ歴史《ヒストリィ》や歴史小説《ストーリィ》を書こうとする場合、所与の歴史的事実の中から何を選び何を捨てるか、その選択の自由をもっている。歴史小説家には、しかし、さらに大きな自由が与えられている——虚構の自由である。例えば架空の人物や事物の導入が許される。彼はこの大きな自由を活用することにより、ある歴史的事件を歴史家が説明する以上に明確に、かつ一般人にも分り易い形で描写できるのではなかろうか。さらにそこからは、歴史家の認識を超えるような新しい知見が生れる可能性もあるだろう。まさに歴史小説家の腕の見せ所である。

司馬の大作『坂の上の雲』を私は通読してはいない。ただNHKによるドラマ化の方は、比較的によく見ていたと思う。そのドラマの中で、日清戦争に従軍した正岡子規が軍医の森鷗外と出会うシーンがあった。これは事実であるか否か私は知らないが、このシーンを見た瞬間に、これは虚構だと直感した。しかし、明治時代の雰囲気を伝える点で優れたシーンではあった。かなりの脱線をしてしまったが、朝永発言に戻ると、右に述べたような事情からして、先生の気持は「私の行った変更は、歴史小説家のものとは較べ物にならないほど些少なものですよ」ではなかったろうか。

それにしても真実を伝える上で、虚構が事実そのものによるよりも遥かに有効な場合もあるとは、不思議なことである。有効過ぎて虚構を歴史的事実だと信じ込んでしまった経験が、私にはある。R・シュトラウスのオペラ『ばらの騎士』のことである。

「十八世紀ウィーンの宮廷には、婚約の披露に先立って、花婿が花嫁に〝銀のばら〟を贈る習慣があり、そのための使者を〝ばらの騎士〟と呼んでいた」と大抵のライナーノートやオペラプログラムにはある。しかし長年ウィーンで研鑽して音楽評論家となった友人H氏によると、銀のばらその他は台本作者ホフマンスタールの全くの作り話だったとの由。先年このオペラが東京で上演されたとき、そのプログラムにH氏は書いた――「ホフマンスタールは十八世紀ウィーンの、事実は描かなかったが、真実を描いたのだった」と。

詩人は人生の真実を詠う。しかし、詩に記されるのは、一般に、この世にはない物であり、この世にはあり得ない事である。旧制高校に入学してドイツ語を習い始めたとき、担当のY教授から次のことを教わった、単語 Dichtung（詩作）にはまた虚構の意味もあることを。真実と虚構とは一物の表裏であり、一面を描くとは、即、他面を描くことになる――のだろうか。

これをもって朝永発言に係わる中間報告を終える。総じて、グラムシの言う〝感じる〟段階での現象論に留まったかと思う。次の〝分かる〟段階の論議へと進むためには、事実・史実・真実の三角関係のさらなる吟味が必須なようである。

（二〇二〇）

私の「二都物語」——金沢とコペンハーゲン

It was the best of times.
It was the season of light.
It was the spring of hope.

Charles Dickens:
A Tale of Two Cities

1

老人、とくに私のような超老人（無レ能亦是也庵《nonagenarian》と号す）には、すぐそこで未来は行き止まりとなるので、時間と言えば過去のみから成る。その過去の、しかも楽しかったことのみの回想に縋って生きている、というのが実状である。そのためディケンズの『二都物語』冒頭の言葉から、楽しいもののみを選んで小文のエピグラフとした。

ディケンズの二都はパリとロンドンであるが、私の場合は金沢とコペンハーゲンである。これまで国内外のいろいろな都市に長・短期間滞在して来たが、この二つの都市がとくに懐かしい想い出を残している。前者では青年時代の三年を、後者では三十歳前後の二年を過ごした。この二都市が何ゆえ私にとって格別なのかを、どこかに録しておければと願い筆を執った。

実を言うと、この二都市には大きな共通点がある。それぞれの都市に存在する、ある機関に属しているということだけで、市民から特別視され親切にされたのである。まず金沢では、終戦時を挟んでの三年間、私は旧制の「第四高等学校」(以下四高《シコウ》)の生徒であった。当時旧制高校は内地全域に三十三校しかなく、四高生にも他府県の出身者が大多数を占めていた。そのため市民たちは、「遠い所からわざわざ金沢へ勉強のためやって来てくれた人だから、親切にしてあげなくては」、との意識があったと思う。実際そのような言葉を街の小母さんたちから、屡々聞いたことがある。

次にコペンハーゲンであるが、ここには原子物理学の聖地と呼ばれた「ニールス ボーア研究所」(当時の名称は「コペンハーゲン大学理論物理学研究所」)があり、一九五六年秋からの二年間、私はここでの研究員であった。ボーアは小国デンマークの生んだ理論物理学者であり(ノーベル物理学賞一九二二年)、〝原子物理学の父〟とも呼ばれていた。研究所の最盛期(一九二〇―三〇年代)には世界の各地から優れた研究者たちがここにやって来た。〝原子物理学者と称するためには、まずここを訪れなくては〟といった類いの研究所であった。

同国内でのボーアの知名度は、戦後期日本での湯川秀樹以上のものがあり、お蔭で外国からの研究者は、市民たちから殆ど尊敬されていたと言える。私の滞在時、ボーアは七十歳を少し過ぎていたが、なお健在で矍鑠《かくしゃく》として所長職をこなしていた。

市民から特別視される、この一種の〝恩典〟は、東京やニューヨークのような巨大都市ではあり得ないのではなかろうか。私の関係した当時の金沢の人口は約二十万、他方コペンハーゲンは、デンマークの首都ではあるが、郊外を含めて約七十万であり、まさに適度の大きさであった。まだ若かった私たちにとって、この二都市は、それぞれの意味で、大切な〝北の都〟であった。

2

さて私の「二都物語」とは、右の両都市における先述の恩典が、如何なる生活をもたらしたかを語ることにある。まずは金沢における四高生生活から。

金沢市民たちの四高や四高生に対する特別な好意は、四高創設の頃に始まったのでは、と私は推測する。明治十九年（一八八六年）明治政府が「中学校令」により、全国に五校の「高等中学校」を設立することを決定する。その一つを誘致すべく石川県や金沢市が猛烈な運動を開始、前田（利嗣）侯までもが出馬する。その甲斐あって翌明治二十年四月、「第四高等中学校」（四高の前身）が発足する。当時の金沢市民の努力・献身のほどが四高や四高生に対する愛情に変り、それが大正・昭和へと受け継がれてきたのではなかろうか。

ところで私の四高入学は終戦の前年（昭和十九年）の四月であり、以後の三年間すなわち年齢的には十六歳から十九歳までが四高生であった。まさにその前半が戦時中、後半が戦後だったことになり、何れも衣・食・住困窮の時期であった。先に本文では楽しかったことだけを回想するとしたが、苦しかったことも若干述べておかなくてはなるまい。

当時の官立高校の入試問題は国家管理と言うべきか、全高校共通であった。私は理科（甲類）志望だったが、例年とは異なり、英語と国語の試験はなかった。前者は当時喧伝されていた〝敵性言語排斥〟ということに由るかと思われるが、後者の試験なしには驚いた。代って課せられたのが作文であり、その題目は「わがいのち」。いまから考えると、これは一種の踏み絵だったような気がする――前年入試での題目は「わが母」だったのだが。

小・中学で徹底的な軍国主義教育を受けて来た少年にとって、入学した四高は全くの別天地であった。ひとたび校門をくぐると、そこには自由で反戦的な雰囲気が漂っていたからである。実はこのことは、入学以前から薄々感付いてはいた。ある年、中学の先輩の寮生に誘われて「時習寮」（四高の寮で、北・中・南寮の三棟があった）記念祭の打ち上げコンパに参加した。おそらく酒の勢いもあったろうが、寮生たちは間もなく本音の議論を始めた――戦争批判である。こういう話を聞くのは私にとって初めてのことであり驚いた。

理科生だったたが、入学後の授業の半分くらいは外国語（英語・ドイツ語）であった――入試に英語の試験がなかったにも拘らず。要するに授業内容は戦前のままだった、ということである。しかも教授たちは、ごく少数を除き、ただ坦々と授業を行い、軍国主義的言辞を弄することは殆どなかった。

私は予てより物理志望だったが、物理や化学の授業はいわば型通りで面白くなかった。しかし外国語や、一般に文科系教授の授業はそれぞれに個性的であり面白かった。とくに頻繁に行う、いわゆる〝脱線〟はまことに楽しいものであった。教材を離れ、それぞれの専門分野の裏話や趣味のあれこれなど、取っておきの話を、如何にも楽しげに語るのであった。そこには彼等の本音、反戦というよりは厭戦的気分が見え隠れしていた。講義内容よりも、脱線で聞いたことは、未だによく覚えている――神話と歴史、ニーチェの哲学、作家以前の漱石、トーマスハーディのこと、フランス映画の面白さ、等々。こうした自由談義は、私のような田舎出の少年にとって、まさしく世界の文化に開眼する契機となった。

授業と言えば、戦時中には〝軍事教練〟もあった。四高生は、元来、自由を侵す〝ゾル〟（ドイツ語 Soldat 兵士の略）と〝ポリ〟（同 Polizei 警察の略）が大嫌いだったが、そのゾルの退役将校が授業の教官であった。実は中学にも同じ課目があり、緊張感でピリピリしていたものだが、四高では一転ダラダラと化した。例えば腹這いになり、教官の号令で一斉に射撃訓練を行うのだが、真面目にやるのは巡回の教官が近くに来たときだけで、他の連中は銃を放り出し仰向けになって雑談を始める始末。ときには練兵場に出掛け野外演習《センソウゴッコ》をする。二手に分れ、〝敵軍〟は〝本隊〟とは遠くに離れて陣取るが、早々と退却して行方不明となり、本隊は無敵の敵と戦うこととなる、等々。こうしたダラダラ行動は反戦示威の類いではなく、ただ、教練自体に価値を認めなかったからだと思う。他方、教官は注意しても無駄と諦めたのか、黙認するのみであった。話をもとに戻す。

何分にも教授たちは、われわれ生徒を一人の大人として遇してくれた。ために生徒の側にも自ずと自律の精神が芽生えて来た。いまにして思えば、このようにしてわれわれは少年期から青年期へと移行し、延いては人格形成の基礎付けがなされたのであった。

ここまでは四高生を教授との交わりの面から見て来たが、以下では彼等を主体的な面から見直してみよう。旧制高校生と言えば、弊衣破帽に高下駄を履き、腰には手拭をぶら下げ、マントを翻しながら路上を闊歩……との印象があろうが、まさしくその通り。とくに四高生は、大都市のお坊ちゃん高校とは違って、いわゆる蛮カラ型の極致であった。しかし戦時中はこうした外見とは裏腹に、重々しい黒雲が内心を被っていたのである。

理科生には徴兵延期の制度があったが、敗色濃厚ともなれば、文・理の区別など問題にならない。事実、私なども金沢の連隊に呼ばれて〝簡閲点呼〟を受け、そして命令された――「イツデモ入隊デキルヨウニ奉公袋（入隊時に唯一携行できるカーキ色の巾着袋）ヲ準備シテオケ。

二通ノ封書ヲ入レルノヲ忘レルナ、一通ハ遺書、モウ一通ニハ頭髪ヲ若干入レテオケ」と。岩波文庫なら二、三冊は入れられないか、と私は思った。当時、私を含め多くの四高生は、少なくとも召集令状（これは絶対的不可抗力）が来るまでは、そのことをば全く忘れ、つねに平常心を保つように懸命に努めていたのだと思う、互いに他言はしなかったのだが。

それ故八月十五日の放送は、件の黒雲をば一掃し、その日の天候の如き青空をもたらしたのであった。幸い金沢は空襲を免れたので、終戦とともに学校も平常に復し、私たちはようやく真正の四高生となった。その後の楽しみについて語るのが本来の目的であった。ただしその前にもう一つ、終戦前について記しておくべきことがある。

入学して一年生の一学期はまともな授業だったが、二学期からは勤労動員が多くなり、工場や工事現場に派遣されての肉体労働《ムスケルアルバイト》が始まった。そうした中で、私は不思議な事実のあることに気付いた。大変な労力を要する作業があって私などが躊躇していると、それを率先してやる人々が居たのである。訊いてみると寮生だという。そこで私も彼等と同様に振舞うことにした。すると訊かれた――「あなたも寮生ですか」と。

寮生たちは寮で上級生と共同生活をしており、いわゆる伝統なるものを先輩から直接伝授されている筈である。そう言えば、入学早々に歌わされた寮歌も彼等から教わったのであった。そこで私は結論した――四高生は寮生を中心に動いている、彼等こそ四高生の典型なのだ、と。

二年生になって私は南寮に入った。

寮生たちの精神性の基礎には、まず寮の〝自治〟から始まって、その基としての〝自由〟があった筈である。さらに加えて、四高生を特徴付ける旗印に〝超然〟があった。ことの歴史は古い。明治三十九年（一九〇六年）南寮その他が大火で焼失し、寮生のみか全校生徒が失望落胆のどん底に陥った。彼等を勇気付けるべく、二年後の卒業生有志が「超然趣意書」を発表し、〝超然主義〟なるものを唱導した。しからば超然とは何か。当の趣意書や他の四高文献を調べてみても、その解釈は各人各様である。もっとも超然は、本来、自己中心的な概念であるから、各人各様はむしろ当然と言うべきであろう。私などはごく単純に、〝世間の俗事に煩わされることなく、自らの信条に徹すること〟と考えていた。別言すれば〝going my way〟である。

畢竟するに四高生の精神的支柱あるいは〝四高生精神〟は自治・自由・超然の三要素から成る、と考えたい。後年、研究者としての私は、徒に流行のテーマを追うことを控えたが、そのルーツはこの超然にあったのかもしれない。

ここで先程少し触れた寮歌に戻ろう。時習寮の記念祭や特別な出来事があった場合に、主として生徒自らが作詩・作曲したものであり、手許にある「四高寮歌集」には応援歌などを含め約百篇が収められている。もっぱら先輩の口から後輩の耳へと直接伝承されて来たので、長年それを繰り返すうちに、歌によっては原譜とはかなり違った歌い方になってしまったものもあるらしい。とくに四高生がことあるごとに歌うのは「南下軍」（明治四十年作の応援歌）と「北の都」（大正四年作の南寮々歌）である。これらを気分がのれば、時と所を構わずに歌うのである――例えば人々が兼六園で静かに花見をしている最中に。市民たちにとっては大変な傍迷惑だったろうが、一つの風物詩として甘受してくれた。有難し。

因みに右に挙げた「北の都」は四高寮歌の中でも最高の名歌とされている。〝北の都に秋たけて〟で始まり、第六連には〝自由のために死するてふ、主義を愛して死するてふ……〟と続く。この寮歌を生んだ大正デモクラシーも、しかし昭和に入ると、この歌の文句を現実としてしまう。「四高漕艇班追悼歌」（昭和十六年作）も私は好きである。詩も曲も追悼の雰囲気をよく表している。

ときには他校の寮歌も歌った――例えば一高の〝嗚呼玉杯に花うけて〟や三高の〝紅もゆる丘の花〟、北大予科の〝都ぞ弥生の雲紫に〟などなど。旧制高校生にとって寮歌はまこと心の糧であったが、OBとなった今でもなおのこと懐かしい。そのOBたちもすでに九十歳前後となってしまったが、幸い若いファンたちに助けられ、現在でも毎年「日本寮歌祭」が東京で開かれている。

もう一つ、四高生の身勝手で傍若無人な行動に〝街頭ストーム〟がある。〝超然〟とか〝北辰〟（校章）と大書した幟を立て、羽織・袴のリーダーが車に載せた大太鼓を叩く。そして大軍勢が肩を組み、あるいは手足を振り揚げ、ワッショイ ワッショイと叫びながら狂喜乱舞するのである。しかし演技に独創性がないと教授や先輩に酷評されるので、つねに良質の新手が求められた。つまり、ここには定型はなく生々発展があった。

こうしたストームを予告なしに街頭で行うのである。とくに「金沢市祭」（戦後は尾山神社祭）の折には協賛行事と称して、なんと市一番の繁華街――香林坊で決行した。ここは市電（現在はない）の三叉路となっており、この間電車は止められ、乗客は下車して近辺の市民たちとともに見物、警官はただ交通整理に当るのみ、だったとか。各種条例がある現在では、およそ考えられないことであろう。市民たちの理解あってこその行動であった――古き良き時代のこと。

現在の高校とは大いに異なることといえば、さらにもう一つある。ごく大雑把に言えば、このようになる。官立大学と同高校の学生・生徒の定員はほぼ同じであり、卒業さえすれば大学はどこかに入れる。従って高校の三年間は大学入試など気にせず、全く自由に過ごしてよいことになる。長い人生の中で三年もの自由時間をもつとは、まことに意義深いことだった、といまにして思う。この間の体験が、将来へのスプリングボードとなったからである。

こうして、文科生・理科生の如何を問わず、ある者は哲学に凝り、ある者は小説を耽読し、文芸の道に入る者もあれば、演劇・音楽・武道・スポーツに熱中する者もあった。また、かなりの理科生は高級な数学に挑戦していた。つまりは、『善の研究』（著者西田幾多郎は四高の先輩・教授）を声高に論ずるかと思えば、「ミニョンの歌」を原語で口ずさむ。まさしく人も行動も様々であった。

しかしこうした中にあって一際悠然とした人種が存在した。ドッペリ（ドイツ語の doppelt

に由来、留年のこと）をし、しかもそれを繰り返す人たちである。年齢的には私などよりも四、五歳は上であり、彼等だけが敬称〝さん〟付けで呼ばれていた。私たちにとってドッペリは決して恥ではなく、むしろ英雄的行為なのであった。四高に五年間在学した中野重治（文科乙類大正十三年卒）の画いた安吉（『歌のわかれ』）のように、学業などよりも遥かに大きなものを模索している人もあれば、井上靖（理科甲類昭和五年卒）の画いた洪作（『北の海』）のように、学業とは全く別の目的で入学したような人が、上記ドッペリ組の中には少なくなかった。人生経験も豊かであり、私などいろいろと教示を受けた。

総じて四高生の行動は、いまから考えるなら、多分に稚気とエリート意識とに基づくものであったろう——もっとも当人たちは大真面目だったのだが。ただ、この種の行動は、私たちと同年代で、なにがしかの理由で上の学校に進めなかった金沢の若者たちを、あるいは深く傷付けたりはしなかったか、と私は恐れる。

それはともあれ、私たちが金沢という都市で、人生の青春時代を心ゆくまで享受したことは事実である。それを可能にしたのは、繰り返し述べて来たように、金沢市民の好意と寛容があったからに他ならない。またこれは最近になって知ったことだが、終戦前後の食糧難の折には、石川県や金沢市が時習寮に対して、食糧の特別配給をしてくれたという。

二〇一五年、新幹線が開通したばかりの金沢で、〝これが最後と思われる〟（実はそうではなかったのだが）「四高全国同窓会」が開かれた。その席で私が提案した「百三十年にわたる金沢市民への感謝のことば」が発表された。各地方新聞が採り上げたので、私たちの謝意が市民たちに広く伝えられたと信じている。

3

さて都市の第二はコペンハーゲンである。ここ3章での核心は、1章でも述べたように、〝ニールス ボーアと彼の研究所〟である。この現象は科学研究という営為における一つの奇跡であった――あるいは、およそ研究所に対して期待されているもの、すべてがここに理想的な形で実現されていたということ。私の終生の研究テーマでもある。これまで本誌（『図書』）を始め機会あるごとに考察・検討を重ねて来たが、以下は現時点における、その要約である。

このデンマークの首都は、私の滞在当時からすでに国際航空のハブ空港であり、文字通り〝北の都〟であった。都ではあるがその頃の都市《まち》のたたずまいは、ひっそりとして静かであった。くすんだ色の、せいぜい三階から五階くらいの建物が立ち並び、そこの街角を曲れば、〝マッチ売りの少女〟が立っているかのような雰囲気であった。現代的でピカピカした建築といえば、確か私の滞在中に出来たSAS（スカンジナビア航空）の本社（？）くらいであった。国際的な観光産業は未だ盛んではなく、とくに寒くて夜の長い冬季には、外国人旅行者の姿を見ることは殆どなく、コペンハーゲンはデンマーク人の都市に戻った。全国に滞在中の日本人の数も十名に満たず、当初は日本大使館もなかった。そう言えば、北極経由の東京・コペンハーゲン直通空路の開通も、私の滞在中の出来事であった。

ところでデンマークを訪れる前の私は、三名の偉人を生んだ国と単純に考えていた。まずは童話作家のアンデルセン、次に思想家のキルケゴール、そして物理学者のボーアである（片仮名表記は広辞苑による。ただしこの通り発音しても一般のデンマーク人にはまず通じない）。しかしデンマークに着いてみると、ボーアの知名度が他の二者に較べて格段に高いことを知らされた。それればかりか彼は、市民たちの異常なまでの敬愛の対象でもあった。同時代人だから当然かもしれないが、何分にも小国が生んだ大学者のことを、国民的な誇りにしているように見えた。このことを示す、研究所では語り種になっているエピソードがある。

一九二八年、英国から若い理論物理学者N・モット（ノーベル物理学賞一九七七年）がやって来た。中央駅で汽車を降り、タクシーで研究所に着いた。料金を払おうとしたが運転手は受け取らない。そして言うには、「私が運転したのはボーア教授のためで、あなたのためではない」と。

これはボーア研究所の黄金時代のことであるが、ボーアと市民たちの間の美《うるわ》しい関係は、その後もずっと続いていたのである。例えば一九五四年の坂田昌一教授（名古屋大学）の場合がある。半年間の予定でコペンハーゲンにやって来たのだが、研究所に着いてまず告げられたのが「街で困ったことが起ったら、ボーア研究所に来ている者だと言いなさい。そうすれば市民たちは親切に応待してくれるでしょう」だったとか。

実は私にも似たような経験がある。先にも述べたように、冬のコペンハーゲンには外国人旅行者は殆ど居なくなり、黒髪・小柄の日本人はとくに目立った存在となる。街角のテラスなどでビールを飲んでいると、「あなたはこの都市《まち》で一体何をやって居るのか」とよく訊かれたことである。「ボーア研究所で研究している」と答えると、相手はさっと身を正し、「おう、それではボーア教授のために乾杯《スコール》」ということになり、次の一杯を奢ってくれることもあった。ために研究所関係者としてこの都市に住むことに、一種誇らしさを覚えたことである。もっとも、料金不要というタクシーに出会うことはなかったが。要するにボーア研究所に来ている外国人研究者たちは、市民から特別視され、1章で述べたような恩典を与えられていたと言える。

研究所内での研究生活も楽しいものだった。そこには暖かくて気持のよい雰囲気が漂っていた。その気体をしばらく呼吸するうちに、いつしかそれに中毒している自分を発見し驚いた。言うまでもなく、これはボーア大先生の人格に発するものに他ならず、人々はこれを「コペンハーゲン精神」と称していた。それは研究所という小社会に固有な文化でもあった。ものの本によると、その正式定義は〝知的活動への徹底的な没入・冒険・献身のブレンドであり、ときにそれは諧謔にも繫がる〟とある。

右の定義は厳めし過ぎるが、研究所に来て数ヵ月の後には、その具体的内容が判って来た。私なりの理解を箇条書きにすれば次のようになる。

(1)研究者は皆平等であり、相手が大先生であろうと誰であろうと遠慮なく批判・反論してよい。
(2)研究第一であり、常識的な礼儀作法などは一切無視してよい。
(3)他人との徹底的な議論こそ研究の必須要件である。
(4)研究は各自がもっとも能率が上がる仕方でやればよく、家で仕事したい人は毎日研究所に出てこなくてもよい。
(5)よく遊び、よく学べ。

以上であるが若干敷衍しておこう。(1)があるので私のような駆け出しでも一人前のような気分になり、(4)があるので好きなときに研究所に出掛けていた。また二、三日遊びの旅行をしても、(4)のお蔭で、彼はいま家で研究していると誤解され好都合であった。また研究所コロキュウムで講師が外部からのお客さんであっても、(2)、(3)により、徹底的に打ちのめされてしまうことも珍しくなかった。

とくにボーアが好み重視したのは(3)である。その好例としては、ボーアとハイゼンベルク(当時はボーア研究所の講師、ノーベル物理学賞一九三二年)が一九二六年秋からほぼ一年にわたって続けた量子力学解釈についての討論がある。量子力学は不思議なことに、正しいと思われる数学的形式が先に見出された。しかしそこに現れる抽象的な記号や関係式が物理の何に対応するのか(これを物理的〝解釈〟という)を明らかにしなくては、形式は一群の数式に留まり、物理の理論とはなり得ない。二人はこの解釈問題に挑戦し、そして成功した。その結果は今日、量子力学の「コペンハーゲン解釈」と呼ばれている。これはボーア研究所が生んだ最高の業績だと私は考える。なお(5)については後に例示する。

もう一つ、忘れ難いことがある。研究所に来て数ヵ月経った頃、私は一篇の論文を書き上げた。以前から考えていたことだが、研究所滞在の記念に、これを「デンマーク学士院紀要」に発表したいと申し出た。ところが「学士院にはいま出版費用がなく、出版はいつになるか分らない。他の雑誌ではどうか、Ｒ教授が最近始めた雑誌ならすぐに載るが」と告げられた。しかし「どれだけ遅れても構いません。とにかく紀要に出したいのです」と私は頑なに答えた。数週間後にＭ教授から伝えられた——「ボーア先生（学士院長でもある）があなたの論文の出版費用を工面して下さったので、論文は間もなく印刷所に送られるようです」と。私はただ感動した。因みに紀要は定期刊行ではなく、受理した論文は一篇ずつ別個に、厚い表紙を付けて発行されるのであった。

デンマークのビールと言えばCarlsberg《カールスベア》をご存知の方もあろう。この個人経営（と当時聞いた）の醸造所は純益のすべてを「カールスベア財団」に寄付し、研究所はそこから多分の研究費を仰いでいた。私が研究所から貰っていた給料も、元を辿ればこのビールであり、この場をお借りしてＣＭをやらせて頂いた。閑話休題。

さてこの財団は、醸造所構内にパレスとも言える豪邸、通称「栄誉の家」を所有しており、それを科学や芸術に顕著な貢献のあったデンマーク人に、終生無償で提供することにしていた。私の滞在時には、勿論のこと、そこの住人はボーアであり、そこへ度々招かれた。

比較的少数の場合には、まずシャンデリアが輝き、壁面がトーヴァルセン（デンマーク一の彫刻家と言われていた）のレリーフで飾られた食堂でディナーをご馳走になる。その後は居間に移り、コーヒーを片手に先生を囲む。そして例えば、当時研究しておられた相補性哲学の物理以外の分野への応用などについての話を伺う。囲みの中に日本人が居るのに気付きニシナ（一九二三―二八年に研究所に滞在した仁科芳雄博士のこと）の想い出話になることもあった。

年に一度は研究所全員と家族（約百名）が招かれた。ギリシャ建築を模した「ポンペイ ホール」という大ホールがあり、百名は優に収容できる。始めに室内楽のコンサートなどがあり、次いで最大の呼び物、ボーア先生の冗談まじりのスピーチ、例えば〝科学と芸術について〟へと移る。英語で始まるが、いつの間にかデンマーク語となり、「おう失礼」と言ってまた英語に戻る。しかし肝心のジョークは大抵デンマーク語であり、私は隣りの人に説明して貰わねばならなかった。その後はようやく飲食パーティとなり、壁際のテーブルからご馳走を取り、ホールや庭先に置かれた円卓に着く。ビールは勿論、産地直送で飲み放題。円卓では初めて言葉を交す人もあり、こうした会話が共同研究に繋がることが屢々だったという。コペンハーゲン精神(5)の好例である。パーティの終りはダンス。

ボーア家でのクリスマス パーティも楽しかった。本来このパーティは家族の再会のための

図１（能登印刷出版部提供）

ものであり、客を招いたりはしない。しかし研究所には、遠国から来た未婚の若者が数人は居る。こういう家なき児たちが例外的に、あるいは準家族として、ボーア家に招かれる仕来りになっていた。こうして一九五六年のパーティには私も招かれ、ボーア夫妻、息子さんたち夫妻そしてお孫さんたちとともに、楽しくイーヴを過ごした。このときボーア夫妻から頂いたプレゼントは英語版の「アンデルセン童話集」であり、その場で夫妻にサインして貰った。

事程左様にコペンハーゲンでの二年間は、まことに幸せなものであった。研究所内ではボーア先生の暖かい人柄と包容力とにより、研究所外では市民たちの彼への敬愛の念のお蔭で、普通だったら味わえないような至福の時を過ごしたのであった。

4

手許に一対の興味深い図がある。図1は一九四〇年（戦時中）の写真で、2章でも述べたような香林坊における街頭ストームの情景である（『写真集旧制四高青春譜』能登印刷出版部、一九八六年）。警官や警防団（戦時中の民間組織）の人々が交通整理に当っている。憲兵らしき一人も見える。因みに戦時中の憲兵は警官よりも厄介な存在だった。しかし〝ストームも戦意昂揚のため〟と言えば憲兵も黙ったという。

図2は、私がボーア研究所に居た一九五〇年代には観光案内所や旅行社にポスターとして掲げてあったが、先年訪れた折には絵葉書となっていた。Viggo《ヴィーゴ》 Vagnby《ヴァウンビ》の作品で、当時のコペンハーゲンの雰囲気をよく伝えている。アンデルセン童話に出て来るような微笑ましい情景であるが、しかし私はこの図を次のように解釈したいのである。すなわち、

図2（Jes Vagnby 氏提供）

先頭の親鴨はボーア教授、続く子鴨は彼の弟子たち、一行に遅れまいと最後尾で羽根をバタ

バタさせているのは差し詰め私か。通せんぼの警官はコペンハーゲン市長、見物人は同市民たち。ボーア教授様ご一行のお通りなら、多少の不便はいとわない。いな、ボーア教授や研究所のためなら何だってしようとの市民たちの心意気を、この図は物語っているのではないか——これが私の「ワンダフル　コペンハーゲン解釈」なのである。

両図がともに市電の三叉路で電車を止めているのも面白い。私の「二都物語」の本質を端的に表現していると言える。

畢竟するに、金沢では人生の青春を謳歌し、その後の人生における生き方を決めることができた。他方コペンハーゲンでは、研究者としての青春を謳歌し、その後の研究者としてのあり方を決めることができた。この意味で二都市は私の心のふる里である。アルト　ハイデルベルクである。

（二〇一九）

第II部

物理村の風景

物理法則の不思議

「今朝、太陽はたしかに東から昇った。」これは、実際に朝日を見た人の口から出た言葉であろうが、寝坊して朝日を拝むことができなかった人の言葉であろうが、誰もその通りだと思うし、そんなことを改めて口にすると、何をいまさら……と冷笑されるのが落ちであろう。それどころか、「太陽は明日もまた東から昇る」と言ったところで、まだ見てもいないくせに、とたしなめられることもあるまい。それではなぜ、太陽はつねに東から昇る——と思う、と信ずるのか。

この問いに対する常識的な、そしてかつ科学的な答えは、「太陽や地球の運行は、物理法則によって厳格に支配されているから」であろう。いささかずるい答えのようであるが、他に言いようがない。太陽や地球ばかりでなく、私たちの身の回りの物体、さらには、それらを構成する分子、原子、素粒子にいたるまでの森羅万象は例外なしに物理法則に従う、と科学は教える。それでは物理法則とは、一体いかなるものであろうか。

昔、聖アウグスチヌスはその著書で、「時間とは何であるか、だれも私に問わなければ、私は知っている。しかし、だれか問うものに説明しようとすると、私は知らないのである」と『告白』している。かく申す私も、過去数十年の間、物理法則をひさいで生計を立ててきた者ではあるが、真っ向から「物理法則とは何か」と返答を求められたとしたら、俗人ながら聖人なみの困惑を覚えること必定である。

聖人も俗人も一様に困るのは、時間にせよ、物理法則にせよ、この類いの基礎概念を説明するためには、さらに幾つかの――同程度あるいはそれ以上に――基礎的な事柄を説明せねばならない、との事情による。それを繰り返しているうちに、結局議論は堂々巡りに陥ってしまうからである。「時間とは何か」という問いに答えようとして、大層な理論を展開したつもりでも、結局は「時間とは時間である」といった意味のない結論となってしまう経験を、聖アウグスチヌスも味わったに違いない。それゆえ、私たちのなしうることはといえば、これら基礎概念をひとまず常識的に受け入れ、その上でそれらの相互関連を明らかにし、全体を整合化させること、これ以外にはあるまいと思われる。「時間というものがあると思いなさい。そして時間についての認識は万人共通だと思いなさい」式に考えて出発するわけである。

さて、立ち返って物理法則のはなし。

まず、厄介なのは、物理法則が「限られた数のデータに基づいて発見されたもの」だということである。一つの物理法則を発見し、それに確信をもつまでには、相当な回数の実験を繰り返しているに違いないが、それでもやはり「限られた回数」の実験でしかない。同じ実験を一〇〇〇回繰り返して、一回の例外もなく、結果が一つの法則に適合したということで、この法則は正しいと認めるとしよう。しかし、一〇〇一回目の実験でこの法則に合わない結果が出ないとの保証はない。もっとこわいのは、その一〇〇〇回の実験結果だけが例外的に適合したのであって、その他のケースは全部その法則(らしきもの)に合わない――こんな心配だっておこってくる。物理法則において、限られた数のデータから、どうして一般法則が求められるのであろうか。

ガリレイの『新科学対話』には、大砲の上向き角度(仰角という)を何度にすれば砲弾が何メートル先まで飛ぶか、という実験の話が出ている。いろいろと仰角を変えて大砲を撃つ。そしてその度毎に到達距離を測って、その結果をグラフ用紙に書き込んでいく。実験の回数だけの点がそこに記入されるわけであるが、これらの点を線で結んでいけば一つの曲線となるであろう。その曲線を数式化したものが、仰角と到達距離の関係を示す実験公式である。実験回数が多くなれば、得られた曲線はより滑らかとなり、公式はより精密なものとなろう。

このようにして公式がいったん定まると、今度はそれをもとに、いろいろと理論的な予言をすることが可能となる。たとえば、ある距離におかれた目標に弾丸を命中させるには、大砲の仰角を何度にすればよいかとか、仰角を何度にすれば最大の到達距離が得られるか、といった事柄が実際に撃ってみるまでもなく分ってしまうのである。こういった予言力が、法則あるいは公式のもつ最大の力なのである。このことをガリレイは『新科学対話』の中で強調している。さて、右に述べた過程で、いかに多くの実験を行おうと、畢竟、それは有限個のデータである。にもかかわらず、それらから導かれた法則は、無限個の異なった場合についての予言を可能にするというから、考えてみれば不思議なことである。いうなれば有限から無限を導くわけで、論理的には大きな飛躍といわざるをえない。物理法則を支えるこの超論理的なもの、それは一体何なのであろうか。

さらに考えてみれば、「法則はなぜ何度でも繰り返して使えるのか」という疑問も生まれてくる。再びさきの大砲の例をとると、大砲や弾丸その他の条件をすべて同一にしておく限り、ある仰角で撃ち出した弾丸は、何回これを試みようと、当の法則の定める一定の距離に到達する、その理由はいったい何か。このように、「一定の条件あるいは原因のもとでは、必ず（といっても、現代物理学においては幾つかの注釈を付さねばならないが）一定の結果が得られる」ということを決定論、さらに一般に因果律とよんでいる。それではこの因果律はなぜ成立するのか、と問題を言い換えてもよい。

これは古来哲学者たちもしきりに論じてきた大問題の一つである。もちろん唯物論者は、因果関係を実在のもつ客観的な性質とみなし、他方観念論者は、私たち人間の主観的なものに結び付ける。たとえば後者の代表格のカントでは、それを「思惟の先天的な形式」に帰している。もっとも、思惟現象を脳内物質の物理・化学的状況と同定するならば、両者の対立は解消する。

ともあれ、不思議はなお続く。何ゆえ物理法則は、時間・空間を超えて、いつでもどこでも成り立つのか。ニュートンが三百年以上も前に、イギリスの片田舎で見いだした万有引力の法則が、今日もなお、そしてたとえば東洋の大都会においても成り立っている。このことを保証するものは一体何であるのか。

以上、不思議と思われることをあれこれ述べてきたけれども、読者の中には、まだ、これらの不思議にかかずらうことは、要するに議論のための議論ではないのか、と思っておられる人も少なくはなかろう。それほど今日では、物理法則の恒久性・普遍性は当り前のことと考えられているのである。

しかし、昔の人々には決してそうではなかった。天上界はいわば聖域であり、地上とは異なった物質——第五元素——から成り、地上とは異なった法則が通用する、と考えられていた。こういった考え方が払拭されるのは、ようやくコペルニクス以降のことである。宇宙はほとんど限りなく広大であり、限りなく多くの星が存在するということが分ってくるにつれて、地球や太陽の宇宙において占める位置が、けっして特別なものではありえないことが、徐々に納得されるようになったのである。この思想的転回の陰には、ブルーノやガリレイの受難があったことも、よく知られている。

本来、私たち人間は、時間的にも空間的にも非常に限られた存在である。人類の全歴史といえども、宇宙の年齢に較べれば極めて短期間であり、人間の活動しうる空間的領域も、宇宙全体の中の些少な一部分にすぎない。私たちが見いだしうる法則は、したがって、時間的・空間的に本当に限定されたきわめて局所的な領域において成立する、いわば「局所的物理法則」である。それにもかかわらず、この種の法則が、当の局所的領域以外でも斉しく成立するということを、今日、ほとんどの人が了解している。

翻って、もし右のことが正しくなかったとしたら、どうなるであろうか。東京での法則と大阪での法則、昨日の法則と今日の法則、これらはすべて互いに相異なるかもしれず、結局私たちの行う科学研究は、これら諸法則の、たんなるカタログ作りの作業と化してしまうであろう。もしそうであれば、科学といえども切手収集と大差はない。科学のもつ最大の力であった予言力も、非常に限定された貧弱なものに降格してしまう。しかし、実際にはそうなってはいない——らしい。なぜか。

物理学におけるこのような基本的な問題に、当の物理学者たちがさほど関心を示していないのは、まことに不思議である。原理主義者よりも、実務型学者が多いせいであろうか。かく申す私自身はといえば、しかしながら、以下に述べる「クラスター性の定理」の意味するところにおおいに注目している。全体系がいくつかの部分系（クラスター）からなり、各部分系は十分隔たっているので相互に影響を及ぼし合うことがないとする。このような場合、「全体系に対して与えられた法則は、各部分系に対しても同一の形をとる」とこの定理は主張する。いま全体系を全宇宙に、各部分系を局所的領域にとるならば、「一局所的領域における法則から、その他の領域において成立するはずの法則を察知しうる」ことが結論されるからである。

それではこの定理は、どのようにして証明されるのか。必要な前提条件はいくつかの公理としてまとめられるが、証明に決定的なものは「ローレンツ不変性」――または「法則の相対性」――とよばれる性質である。これは平たくいえば、「ある時刻に、ある場所で起こった現象の示す法則性は、それに対して静止している観測者にも、動いている観測者にも、同一の形をとる」ということである。

しかし、このように主張するときに私たちは、時間・空間がいたるところで一様であることを、暗暗裡に前提としているようである。どの瞬間もどの場所もまったく同等であり、特別な瞬間や特別な場所といったものはない、ということである。ちなみに宇宙論では、このような前提を「宇宙原理」とよんでいる。結局、「時間・空間の性質が至るところ同じであるから、そこで起こる現象、したがってその法則もまた同じである」との主張になる。つまりここでは、中身――現象・法則――の性質を、容れ物――時間・空間――のそれに帰着させている。それでは、後者をいかにして確認するのかという段になると、前者によってであるとする他はなく、あらかじめお断りしておいたように、議論は明らかに循環的となる。要するに、この両者は自然の仕組みの表裏に他ならず、両々あいまって宇宙にかくかくしかじかの状況を実現させている、と考えるべきなのであろう。

そうはいうものの、時間・空間の一様性については、宇宙全体として、本当に、あるいはどの程度に正しいのかとの疑問が残る。それが正しいように見えるのも、私たちが関与しうる局所的領域だけのことかもしれない。要するに、この領域外については、まったく想像の域を出ないのである。たとえば、もし宇宙が有限で境界があったりすると、その境界近くでの物理的状況は、縁の影響で歪んだものになるであろう。

これまで私たち人間は、地球をほとんど無限大だと考えて生きてきたが、その活動量や活動範囲が増大するにつれ、地球の有限性に配慮せねばならなくなっている。これと同様に、もし私たちが、時間的にも空間的にも、宇宙スケールの大きな範囲にいろいろと関与できるようになったとすると、物理法則それ自体に対する考え方も、いまとは大いに異なったものになるのではないか、と私は想像する。

はなしが徐々にSFじみてきた。この辺りで筆を擱くべきであろう。

（一九九二）

アイネ クライネ ナハトフィジーク

——冗談物理学入門

一、Nothingness

紙片に「私は何も書きません」と書いたとする。これは英語にすれば"I'll write nothing" となろうか。しかし私はすでに何かを書き終えているのであり、明らかに矛盾である。「お礼の言葉もありません」とお礼を述べ、「筆舌に尽くし難し」と形容するのと同類である。こんな簡単な所ですでに矛盾を露呈する言語なるものが、日常生活で左程の支障もなく通用しているとは、考えてみればまことに不思議である。

一般に英語の——そして他の多くのヨーロッパ言語でも同じであろうが——no や not や nothing のような否定語の用法は、対応する日本語の場合とかなりの相違があるように思われる。英語のレッスン ワンで教わったように、「AはBではないと思います」も、英語では"I don't think A is B"となる。前者が対象Aの客観的性質を記述しているのに対し、後者はそれについての主観的判断となっていて、ニュアンスに微妙な違いがある——とこのように英語が母語ではない私などは感じてしまう。職業柄、外国人と英語で議論せねばならず、いわゆる"thinking in English"にはかなり慣れているつもりであるが、未だに否定的なunlessが発言の後半に出てくるとお手上げである。思考の回路はそう簡単には変らないらしい。

量子力学創造者の一人であるニールス ボーア（ノーベル物理学賞一九二二年）は言葉について厳格そのものであったが、他方では諧謔性に富み、教訓や警句をユーモラスに表現した。幼い息子たちにも、次のようなジョークを語って煙に巻いていたそうである。猫についてであるが、まず猫には尻尾が一本あるとの大前提をおく。

しかしその前に早速脱線である。昔ロンドンに住んで居た頃、正確には一九五九年の復活祭休暇のおり、友人と語らい合ってマン島（Isle of Man）に遊んだ。イングランドとアイルランドの中間にあるかなり大きな島である。一時〝マン島レース〟として騒がれたこともあるので、ご存じの向きもあろうかと思う。そこで知ったことだが、この島に棲息する猫は"Manx cat"と称する珍種で尻尾がないのである。孤立した島なのでそれが保存されたのであろう。しかし観光客が珍しがって持ち帰るので、徐々にその数が減っているとも聞いた。現状は如何なのであろうか。

また島のあちこちで"Manx Airline"なる看板を見かけた。来るときはリヴァプールからの船だったが、帰りは飛行機にしようかとも考えた。しかしこの会社の飛行機には尾翼が付いていないのではと心配になり、帰りもやはり船にした。因みに“Manx”とは〝マン島の〟の意の形容詞だと後に気付いた。閑話休題（もっとも本文全体が閑話なのだが）。

以下においては、しかしながら、右のような珍種は除外し、通常種の猫に話を限定する。ところで問題のボーア ジョークであるが、日本語では記述不可能なようなので英語で書く――原文は勿論デンマーク語だったが、翻訳しても構文は同様である。

(1) One cat has one tail.
(2) No cat has two tails.
(3) One cat has one tail more than no cat.

そこで no cat≡X（≡は意味の強いイコール）とおくと(2)、(3)はそれぞれ

(2′) X has two tails.
(3′) One cat has one tail more than X.

となる。従って(2′)と(3′)からXを消去して

(4) One cat has three tails.

が結論されるが、これは大前提(1)と矛盾する。

因みにこれを聞いた当時まだ三歳だった四男のオーエ（ノーベル物理学賞一九七五年）が(2)

に関連して、「ねこはいないのに、ダディ、しっぽはどこにあるの」と叫んだとか。

さらに⑵でtwoの代わりにn（=3, 4,…）とすれば、⑷はthreeの代わりに（n+1）と一般化され、結局、尻尾数は不定となる。

そもそもno catは本来〝非存在〟あるいは、〝無〟であるのに、0《ゼロ》を媒介にそれを〝存在〟の中に一特殊ケースとして含めてしまったことが、パラドックスの原因であろう。ともあれ、このジョークが日本語では成立し得ないのは、非存在を0《ゼロ》存在と見做す習慣がわれわれにはなく、ために日本語がnoのような否定的形容詞を欠くからだと思われる。

Nothingに関連して、さらにボーアご自慢のジョークがあるので、ここで紹介しておこう。「科学者と哲学者はどう違うか」を解明したものだが、nothingと同型のsomethingとeverythingとを併用すると面白味が倍加する。すなわち

科学者も哲学者も、最初はsomethingについてsomethingを知っている。さて科学者の場合、研究が進むにつれて専門分野は徐々に狭くなるが、そこでの知識や経験はいよいよ深まってゆき、最後にはnothingについてeverythingを知るようになる。これに反し哲学者は、老成するにつれ視野は段々広まるが、そこでの知識や経験は、逆にどんどん浅くなってゆく。そして最後にはeverythingについてnothingを知るようになる。

これを要するに、前者の〝知識量〟は0×∞（∞は無限大）、後者のそれは∞×0となり、「何れが大きいか」の問題に帰着する。これは冗談物理学の域を超える難問であり、真面目数学者の判断に委ねる他はない。

二、Negativeness

第一節では存在物の個数1、2、3、…の中に非存在の0《ゼロ》を含めた場合を論じたが、以下ではそれをさらに負《マイナス》の整数−1、−2、−3、…にまで拡張する。後に見るように、これらは〝反存在〟の個数に相当する。

準備のため、ここでも同じく量子力学創造者の一人、ケンブリッジのポール ディラック教授（ノーベル物理学賞一九三三年）にご登場願うこととしたい。彼はまた電子に対する量子力学的方程式を、相対性理論とも合致するように拡張した、いわゆる〝ディラック方程式〟の発見者でもある。

しかしこの方程式は、当初、重大な困難を内包していた。正《プラス》エネルギー＋Eの解の他に、負《マイナス》エネルギー−Eの解も含まれていたのである。もし後者をも認めると、通常の正エネルギー電子は、例えば光（エネルギー）を放出して、どんどん負エネルギーの状態へと落ちてゆき、果ては奈落の底へ、いな底なしの奈落へと落ち続けてゆくことになる。つまり、電子は最早安定な存在ではなくなってしまう。こうなっては電子機器はおろか、人間自体も存在し得なくなる。しかしこの困難をも、彼は見事に解決したのであった――あっと驚く、天才ならではの仕方で。

電子にはもともと、「同一状態を占め得るのは高々一個まで」という性質（〝排他原理〟）がある。一つの状態を占めるとは、ホテルの一室を占有することに譬えられよう。その部屋がたとえトゥインやスイートであっても、他電子とのシェアは厳禁なのである。従って如何なる部屋も、電子一個が入室しているか、全くの空室であるか、その何れかとなる。

そこでディラックは〝真空〟なる概念を次のように変革したのである。すなわち真空とは、+Eの部屋はすべて空室であるが、−Eの部屋は完全に満室であるような状態である、とした。換言すれば、真空は決して空っぽではなく、−Eの電子が極限にまで詰め込まれた状態なのである。このような真空のことを、屢々〝ディラックの負の海〟と渾名で呼ぶことがある。通常の、+Eの電子は、この海に漂う、そして絶対に沈没しない（安定した）小舟である。

しかしこの真空も、外部から充分に大きなエネルギーが加えられると、事態は一変する。例えば高エネルギーの光、すなわち光子がやって来て、負の海に沈んでいるエネルギー−Eの電子に吸収されたとしよう。するとこの電子のエネルギーは正《プラス》となり、負の海を飛び出してしまい、負の海の一室は空室となる。すなわち、負の海には気泡のような〝空孔〟が残される。

いま真空のエネルギーをE_0（$=0$）と規定すると、空孔、あるいは空孔付き真空のエネルギーは、――E_0から$-E$を取り去ったので――$E_0-(-E)=E_0+E$となる。同様に真空の電荷をQ_0、電子の電荷を$-e$とすると、$Q_0-(-e)=Q_0+e$故、空孔の電荷は$+e$となる。すなわち、空孔は見掛け上、正エネルギーE、正電荷eをもった〝粒子〟として振舞うこととなる。この粒子のことを〝陽電子〟と呼んでいる。これは電子の〝反粒子〟であり、電子という物質の〝反物質〟であるとも言う。

右に述べた過程では、結果的に、光エネルギーが陰・陽電子の〝対発生〟を惹起し、エネルギーの物質化が行われたことになっている。高エネルギーの光子（ガンマ線）が物質中を通過するとき、このような物質化が実際に観測されている。（因みにこの逆過程、すなわち物質の消滅もまた可能である。）

さて電子にはまた、「総電子数は保存する（時間的に一定に保たれる）」との法則がある。先程の例では、電子数0《ゼロ》の光が物質化しているので、電子1個、陽電子−1個ができたとすれば、電子数は保存することになる。一般に反電子の個数は負の整数−1、−2、−3、…でもって数えねばならないことが知られている。

退屈な物理の話はこの辺りで切り上げ、冗談物理に戻ろう。

時は一九三〇年前後、所はケンブリッジ大学、ここで学生数学愛好会の定例集会が開かれていた。恒例の行事として次のような問題が提出された。

三人の漁師が漁のため海に出たが、天候が急変、嵐となったので早々と浜に退避した。幸い雨宿りの小屋があったので、そこで嵐の過ぎるのを待つことにした。しかし三人とも疲れのためか、ぐっすりと眠ってしまった。

夜半に一人が目を覚ますと、嵐はすでに収まり月が皓々と輝いていた。帰宅したいと思ったが、他の二人はよく眠っている。そこで獲物の三分の一を持ち帰ればよかろうと思ったが、魚の総数は三で割れない、一匹多過ぎるのである。そこで一匹を海に投げ込み、残りの三分の一を取って帰宅した。

次いでもう一人が目を覚まし同じことを考えたが、状況は第一の漁師の場合と同じであり、一匹を海へ返し、三分の一を持ち帰った。最後に目を覚ました第三の漁師も、先の二人と全く同様にした。

そこで問題は、「最初にあった魚の数を求めよ」。

しばしの討論の後、静かに立ち上ったディラックの与えた答は「−2匹」。

ディラックの負の海には〝負の魚〟が居ても不思議ではなかろうが、それにしてもよくできた話である。ディラックの他の仕事と同じく、この答のスマートな点は、三人の取り分が全く等しく、分配が公正だったことである。物理ではこういう解のことを〝対称解〟と言っている。差し詰め〝三方一両損〟のケンブリッジ ヴァリエーションというところか。

右は私がロンドン大学に居た頃、ケンブリッジからやって来て教授となったアブダス サラム（ノーベル物理学賞一九七八年）から、ケンブリッジ大学に伝わる話として聞いたものである。それがフィクションか、ノンフィクションかについては訊き損ねた。

時間が来たようなのでアイネ クライネ ナハトフィジークの演奏はこれで終える。要するに本曲の結論は、存在・非存在・反存在の個数は、それぞれプラス・ゼロ・マイナスの数でもって数えれば、万事——ただし猫の尻尾パラドックスは除き——丸く収まるということである。

なお、冗談物理学の単位を所望の人は、次の問題を解かれたし。ただし及落は自己採点による自己判定とする。

「問題」 先述の〝魚の数〟の問題に対する一般解を求め、対称解はディラックの解以外にはないことを示せ。

（二〇一五）

少年物理学

　アインシュタイン（相対性理論）二十六歳、ボーア（原子模型）二十七歳、ハイゼンベルク（量子力学）二十三歳、湯川秀樹（中間子理論）二十八歳。右はそれぞれの理論物理学者が、括弧内に記した主要業績を成し遂げたときの年齢である。理論物理学という学問では、その基礎に革命的とも言える大転回をもたらしたのが、二十代の若者たちだったということである。この事実は科学の他の分野と比較してみても、まことに稀有な現象と言うべきであろう。このことを当の学問の特殊性に帰したり、あるいは早熟の天才たちのなせる業と考えることは、もちろん許されよう。しかしそのことはさておき、長年旧来の学問と深く関わってきた人々にとっては、緊急の大問題に直面した場合、これに即応し大胆な一歩を踏み出すことが如何に困難であったのかを、右の事実は如実に物語っている。まことに冒険は若者たちの特権なのである。

　ことは量子力学の場合にさらに顕著となる。二十世紀物理学のもう一つの柱である相対性理論が、殆どアインシュタイン一人の手に成ったのに対し、量子力学は数人の研究者の協力の成果であった。とくにコペンハーゲンのニールス ボーア研究所に彼を慕って集ってきた二十代前半の若者たち、*ハイゼンベルク、*パウリ、*ディラックはその中心的存在であった（*印は後のノーベル賞受賞者）。彼らの見出した数学的形式に、リーダーのボーアが物理的意味（いわゆる「コペンバーゲン解釈」）を付与することにより、量子力学は完成した。ちなみにパウリはハイゼンベルクより一歳年上であり、ディラックは一歳年下であった。天才とも言えるこの三人が殆ど時を同じくして独・墺・英国に出現したということ、これまた一つの奇蹟であった。

　この天才三人組をはじめとして若者たちが量子力学の建設を目指して奮闘しているときに、ゲッチンゲン大学の大教授たちは彼らの仕事を「少年物理学《クナーベンフィジーク》」と呼んだと言われている。従来の、いわゆる古典物理学とは相容れない風変りな考えをいろいろ持ち出す彼らの仕事ぶりを、たかが青二才のやることだとし、この言葉の中に冷笑的・批判的・傍観者的な意味合いを込めていたのでは、と想像される。しかしほどなくして、こうした考えは改められねばならなかった。少年物理学が学問の主流となったからである。

　ボーア研究所には天才三人組の他にも優秀な少年（一九三〇年現在で二十代）たちが蝟集《いしゅう》した。例えば、*ブロッホ、*ランダウ、*デルブリュック、ヨルダン、ガモフ、カシミア、ワイスコップ等々で、何れも後年大きな仕事を成し遂げた人たちである。

　ところで、研究者として生き延びてゆく上でもっとも難しい問題は、各時点において解決可能な問題を見出すことである。しかしブロッホの語るところによれば、「そのころの私たちはまことに幸運であった。古典物理学でいちおう検討されていた古い問題を、生れたての量子力学の立場から再検討するだけで、よい論文を書くことができた」らしいのである。これはノーベル賞受賞者だからこそ言えることではあろうが、後年の研究者たちと較べれば、問題の発見という点で、多分に有利な状況にあったことは否めまい。

こうして秀才少年たちは、多くの与えられた問題を眼前にして、われこそはとばかりに競い合ったことであろう。しかしそのような状況にありながらも、コペンハーゲンの若者たちは遊び心を忘れなかった。例えば『ネイチャー』誌一九二七年十二月三日号に、いまなお研究所で語りぐさになっている（と言っても私の居た一九五〇年代後半のことであるが）一篇の報告が掲載された。題して「咀嚼中ノ牛ニ於ケル下顎ノ運動ニ就イテ」、著者はヨルダンとクローニッヒ。この二人が、シェラン島（コペンハーゲンのある島）の北部を徒歩旅行中に、牧場で草を食む牛の両顎の動きをつぶさに観察した。下顎を上顎に対して擦り合わせる仕方が時計廻りの牛と反時計廻りの牛、この両種がほぼ同数であったと言うもの。なお、同じことが「デンマーク国籍以外の牛」にも当てはまるかどうかは不明、との注意も付加されている。

物理学少年のもつさらなる特権として、研究にわれを忘れて没入するかと思えば、他方遊びにも熱中して羽目を外す、ということがある――まさに「コペンハーゲン精神」（詳細は一二〇-一二一頁）が求めるように。とくに一九三〇年の秋から冬にかけてのボーア研究所には、ガモフ、ランダウ、カシミアの三者が顔を揃えた。冗談やいたずら好きの三人組である。しばしばボーアを映画に連れ出したのは、この三人組の仕業であった。リーダーはおそらく最年長のガモフだったろうと想像される。

カシミアの遊び好きはともかくとして、とくに行動が著しく特異だった、他の二人について若干注釈を加えておこう。先ずランダウ、ソ連の宝とまで言われたこのノーベル賞理論物理学者も、レニングラード大学時代には、ガモフやイワネンコとともに悪友三人組を形成していた。またボーア研究所における少年時代の行状については、次の証言から見て取れよう。曰く「ある日の講義室でのこと、ランダウは長椅子の上に長々と仰向けに寝そべり、一方立ったままのボーア教授は、彼の顔を覗き込むようにしてしきりと説得を続けていた」と。これはまたボーアの本質を描写する情景でもある。

次いでリーダーのガモフ。レニングラード大学の大学院生だった二十四歳のとき(一九二八年)、二ヵ月間ゲッチンゲン大学の夏期講座に派遣され、ここで大作「原子核のα《アルファ》崩壊の理論」を書き上げた。この仕事がボーアに認められ、その直後からコペンハーゲンに移る。同僚たちがいつ彼は勉強するのだろうと案じたほどに、研究所ではつねに他人を笑わせ喜ばせることばかりを考えていたという。画がうまく、手先も器用だったようである。

当時のコペンハーゲンでは、ボーアをはじめ多くの市民たちは自転車を多用していたが(これは私の滞在当時も同様であった)、彼だけはイギリスから買ってきた中古バイクを颯爽と乗り廻し、ボーアを羨しがらせた。背広にネクタイ姿の同僚たちの中にありながら彼だけはまったくの屋外労働者ふう、長身痩軀だが頭でっかちでさらに蓬髪付き、声は甲高いが舌はすこぶる滑らか、とくる。まことに内外両面で異彩を放つ存在だったらしい。以下にガモフ三人組を中心としたいたずら活動の一端を紹介しよう。先ずはデルブリュックの伝えるおかしな事件から。

『自然科学《ナトゥアヴィッセンシャーフテン》』誌一九三一年一月一日号に、ケンブリッジ大学のベック、*ベーテ、リーツラーによる研究報告「絶対零度ニ就イテノ量子論」が掲載された。絶対零度T_0（−273℃）と量子電磁力学に現れる微細構造定数α（1/137）との間に$T_0=-(2/\alpha-1)$℃なる関係があることを量子論的に証明した、と主張する。しかしその実体は、物理理論に似て非なる一種の数合わせに過ぎず、つまりはまったくの冗談であった。声価の高まっていた少年物理学者たちが、つい図に乗り過ぎたらしい。それはともかく、ドイツの権威ある雑誌に載ったということで、当然これを真に受ける人も多かった。ただガモフたちは、おそらく「しまった、先を越された」と思ったに相違ない。そして直ちに一計を案ずる。

ほどなくして同じ雑誌（四月一日号）に、カルカッタのA観測所員D氏による「宇宙線硬成分ノ起源ニ就イテ」が現れる。本人は大真面目のようであるが、これまた内容的に先の報告に勝るとも劣らない代物であった。好機到来とばかりにガモフは行動に出る。当時たまたま研究所に来ていたローゼンフェルトやパウリをも巻き込み、三人で別々に、それぞれの住所から、雑誌編集者のベルリナー氏に宛てて手紙を書くことにする。示し合わせた文面は「先のケンブリッジ三人組のスキャンダルに見るように、最近の若者たちにおけるモラルの低下は実に歎かわしい。著者たちに釈明を求められたのは適切な措置であった。あなたが今回も同じような苦境に陥ることがないように、と切に願っている」といったもの。

手紙が効果を現し、ベルリナー氏がその対策に大童になっているころ、黒幕の一人ランダウは「後はよろしく」とすでにコペンハーゲンを離れていた。他方、ことの真相を知ったボーアは「このロシア人たちのやることは実に鮮やか」と感心するとともに、「それにしてもパウリまでもが」と、旧友でもあるベルリナー氏に対しどのように釈明したらよいのか、大いに悩んだらしい。それはともかく、このいたずらは少し度が過ぎて、いじめにもなったのではと懸念される。実際パウリもチューリッヒの自宅に帰り、素面に戻って再考した結果、手紙の発送は思い止まったという。

ボーア研究所で書かれた論文に、もう一つ愉快なものがある。「水中ニ在ル運動体ノ速度ヲ唯一枚ノ写真ヲ元ニ推定スル事」で、著者はガモフとローゼンフェルト。同じ年の初夏、チューリッヒでの研究会の後、パウリや著者たちが近くの湖に出掛け、数日間水浴を楽しんだ。その折ガモフは沢山の写真を撮ったが、その中の一枚、巨腹のパウリの水着姿を一般公開しようと企んだ。論文は身体の周りに生じたさざ波の写真を流体力学的に解析するもので、もちろん大きな写真入りである。

この仕事はボーアやエーレンフェストをいたく喜ばせ、とくに後者は『フィジカ』誌への投稿手続きを取ってくれた。しかし論文は「著者の選んだ運動体では、それの及ぼす心霊作用の計算が難しい。無生物あるいは動植物を選ぶべきだったと考える」との同誌編集者のコメントとともに、丁重に送り返された。以来七十有余年、その原稿は研究所アーカイヴで眠り続けているとの由である。

ガモフの諧謔精神は、成人になってもなお衰えを知らなかった。一九四八年アルファという名前の大学院生を指導して、アルファ・ガモフ著の論文「元素ノ起源ニ就イテ」を書き上げた。しかし口調をよくするために友人ベーテの名前を借用し、アルファ・ベーテ・ガモフ著とした。今日これは「$\alpha\beta\gamma$（アルファ・ベータ・ガンマ）の論文」として知られている。なお発表されたのは『フィジカル・レヴュー』誌の同年四月一日号であった。

冗談はさておき、この論文は彼の名前を不朽ならしめるものともなった。宇宙は大爆発のような膨張でもって始まったとする「ビッグバン」仮説を展開したからである。おそらく彼はこの考えを、はじめただ冗談として、あるいは冗談半分に、ふと口にしたのではなかろうか。

物理学の根本原則に「因果律」がある。何ごとも原因なしには起こり得ないとする立場である。これに反し開闢論は、一般に、開闢それ自体の原因について黙して語らない。ガモフにおいても同様であり、この点で、彼の所論は物理学の常識を大きく逸脱している。他方では、しかしながら、この仮説の真実性は近年いよいよ確かなものとなっている、との事実がある。

ガモフ仮説におけるこのような対立的状況こそ、まさしくボーアの言う「冗談としてしか言いようのない」真理――ではなかろうか。この意味からしてもガモフは、物理学・冗談物理学の両面において、ボーアのよき弟子であり後継者だったと言える。もし彼がもう十年長生きしたら(一九六八年没)、ペンジアスおよびウィルソン(ビッグバン仮説の帰結の一つを発見した)とともに、ノーベル賞を同時受賞(一九七八年)したことであろうに。

ボーア研究所の研究方針ともいうべき、いわゆるコペンハーゲン精神は仁科芳雄博士(一九二三年から二八年までボーア研究所に滞在)によってわが国に伝えられ、さらに博士の薫陶を受けた湯川秀樹・朝永振一郎・坂田昌一先生らを通じて私たち「素粒子論グループ」の少年たちにも広まったと考えられる。とにかく初期(一九五〇年前後)のこのグループには、他分野に見られないような研究上の自由と平等、そして遊び心とがあった。その雰囲気を伝えるために、いまなお私たちの想い出に残る、ある研究会のことを付記しておこう。

湯川ノーベル賞を記念して一九五三年、京都大学に「基礎物理学研究所」(略して「基研」)が創設され(所長は湯川先生)、以後基研は素粒子論グループの根拠地となった。くだんの研究会は――詳しく言えば異なった主題についての四つの研究会が立て続けに――一九五五年十一月中旬から約四週間にわたりここで開かれた。期間中私たち少年の多くは、基研の宿泊所「白川学舎」で起居をともにした。

第一の研究会の主題は「場の理論」であり、とくに「幽霊状態《ゴースト》」(存在確率が負のもの)の存否が集中的に討議された。とこうする中に、研究会最終日夜の打ち上げ会の席上でゴーストの声を聞かせたらどうか、との案が浮上する。夜な夜な学舎に、宿泊者のみならず京都在住の人たちも加わり、皆で台本「ゴースト基研にあらわる」を作り上げた。正式著者名は「ゴースト研究会有志」。内容は、ある夜基研裏の沼地に現れたゴースト先生が、研究会出席者の一人ひとりを批判し揶揄するもので、湯川・坂田両先生とて例外ではなかった（朝永先生は多忙のため欠席）。

例えば「俺はお前たちに尻尾を摑まれるような間抜けではないぞ」とか「お前の（ゴーストについての）話は俺自身にもよく分からねえ」といった調子である。ゴーストの台詞はそこで批判されている当人以外の誰かが代るがわる担当し、そのテープ録音を打ち上げ会の席上で流したのである。「誰がこんなもの作ったんや」と、湯川先生はしきりと犯人を詮索しておられたのであるが……。ともかく余興としては大成功だったと、仕掛人兼出演者の一人はいまなお固く信じている。

研究会中の遊びについては、他にもいろいろと想い出がある。一日、黒澤明監督が封切り前の新作「生きものの記録」をもって基研に現れ、試写会を行った。「原爆と関係があるので、湯川先生の意見を伺いたい」との理由からだったらしい。湯川先生のアメリカ滞在中に作られた映画「湯川物語」も観た。当日は映写機不調で音声が出ず、主役がはにかみながら弁士をも兼務。嵯峨野への遠足もあれば、太秦の映画撮影所見学にも出掛けた。まことによく学び、しかし遊び半分の四週間ではあった。

以来、時は移り少年たちは去り、本家のボーア研究所でも、そしてさらには基研でも、かつてののどけさは失われてしまったようである。ボーア原子模型五十周年（一九六三年）やボーア生誕百周年（一九八五年）を記念する国際会議の折、出席者に冗談物理学関係の資料が配布されたことがある。おそらく会議の主催者たちは、「伝統によれば、こうした機会には遊びの行事もまた不可欠なのであるが、今回はその余裕がない。せめてその代りに……」と後ろめたさを感じつつ、これらの資料を配布したのではなかろうか。

研究そのものに対する研究者の意識も、時とともに様変りしてしまった。いまや研究は「科学者」なる職業が課する義務として、日々ビジネスライクにこなされている、といった印象を受ける。ボーアの時代には、彼の言葉によると「理論物理などやるのは大学教授の子弟くらい」だったらしいが、今日ではごく普通のこととなっている。ために研究者の数は増え、競争も激しくなる。研究の時間を遊びのために割く余裕など、もはや殆ど望めないであろう。科学研究の現場は、ともかく忙しくなり過ぎている。

こうしてわれらがコペンハーゲン精神も、結局は、「昔ムカシアル研究所ニ……」と語られていた少年向けお伽噺に過ぎないのか、と思いまがうのである。

（二〇〇九）

先生に叱られたことなど

大学を卒業して間もないころ私も、かの名高い「朝永ゼミ」こと朝永振一郎先生のゼミに数ヵ月間出席させて頂いたことがある。その当時の先生は、学生に対してはずいぶん厳しい態度で接しておられたという印象がある。しかし、一九六三年に私が東京教育大に赴任して以後の先生は、私にとっては、いつもまことにおだやかで思いやりのある、まさに大親分という感じであった。その年の四月始め、ヨーロッパから帰国してすぐ、教育大W館の先生のお部屋（その頃は三階の小学校側にあったと思う）へ挨拶に伺い、ワルソーで木庭（二郎）さんから預ってきたキャビアを〝酒の肴にして下さい〟という伝言と共にお渡しした時、新任助教授の私に対して、〝どうぞよろしく〟と先生の方から切り出され、まったく恐縮してしまったものである。そのうえ、数日後、武蔵境のお宅へ夕食に招いて頂いた時も、都合が悪くてお受けできなかったりした。私と先生との、その後十数年にわたるおつきあいは、このような私のまったくの〝負い目〟でもって始ったのであった。以来、この初回の失点を何とか挽回しようと、自分なりにつとめて来たのであるが、最終回に到ってまたもや大エラーを犯してしまうこととなった。

私どもの大学では、毎年十二月になると、物理の教官や学生が一緒になり、ニュートン祭と称していろいろな行事を催す習わしがある。これは東京文理大時代に始ったもので、同教育大を経て、現在の筑波大にも受け継がれている。かの有名な「朝永落語」が公演されたのは、このニュートン祭コンパの席上であったという。一時期の先生は、学術会議会長などで多忙となりニュートン祭とも縁遠くなられたが、晩年の数年間には、再び私どもの催しに参加して下さった。いうまでもなく、お祭りの中心行事は先生の記念講演であり、何れの場合も、大教室には溢れんばかりの聴衆がつめかけたものである。現在、私たちの手許には、「量子力学の曙」「戦時中の思い出」「物理学あれこれ」等と題した講演の録音カセットが残されている。

私どもが東京から筑波大へ移り、物理科の学生も全学年揃った一九七七年、ここでもニュートン祭を始めようということになり、さっそく先生に来て頂いた。上でのべた「物理学あれこれ」は、この時の講演である。物理学会創立百年記念の時（同年十月）になさった講演のゲラ刷をとり出したりしながら、二時間あまり淡々と語り続けられた先生の姿が、今でも瞼にうかんでくる。さいわい、この講演はヴィディオテープにも全部収録してある。

講演後、医学群食堂での大コンパとなったが、私のエラーというのはこの席上でのことである。宴も酣なころ、学生の司会者が例によって先生に落語をお願いした。しかし先生は、〝落語の代りにお辞儀を三回します〟といって立上り、深ぶかと頭を三回下げられたのである。暫くして私に順番が廻ってきたとき、——生来無芸の私はこういった時まことに当惑するのであるが——、〝朝永理論を形式的に拡張するとこうなります〟というような事を口走り、立上って四回お辞儀をしたのである。すると先生は、〝若い連中は人の真似ばかりしていて仕様がない〟とおっしゃり、学生たちにテーブルをもってこさせて高座とし、その上で「トンネル効果」の実演（両膝を開閉しているうちに、そこにあててあった両手が左右に〝入れかわる〟もの）をなさったのである。

いつもは叱る方の私が大先生に叱られた、というので満場の同僚や学生たちは手を叩いて喜んだけれども、私自身は大いに恥じ入るところがあった。

というのも、先生のこの言葉は、たぶんなにげなく口にされたのかもしれないが、私には、私の研究に対する批判とも受けとれたからである。私が大学三年で名古屋の坂田素粒子論研究室に入ったころは、朝永理論が一世を風靡しており、その後、超多時間理論やくりこみ理論を中心とした論文を数篇書くことによって、私の研究経歴はスタートした。いうなれば、先生の真似をすることによって食わせて頂いたことになる。以来まったく平々凡々、何らなすところなく今日に到ったのであり、この意味で先生の言葉は、私にはまことに耳の痛いものであったのである。

もっとも、大先生の前に出た時に感ずる、この不肖の弟子の負い目や引け目は、私だけのものではなかったようである。先日、東京会館で「先生を追憶する集い」が催された折、司会の早川（幸男）さんも似たような経験を語っておられた。先生は生前、モーツァルトのレクイエムがお好きであったとかで、その晩も、この曲が会場に流されていた。よく知られているように、このモーツァルト最後の作品は、約1／10が未完のままで残され、弟子のジュスマイヤーという人が手を入れて完成したと伝えられている。このことについて先生は、〝やはり弟子の書いたところはまずいね〟と、かつての共著者早川さんを前にしておっしゃったそうである。〝まるで自分のことをいわれているみたいだった〟とは、その時の同氏の感想である。

先生が私どもの大学にお見えになったのは、このニュートン祭が最後となった。結局私は、大学で最初にお会いした時も、最後にお会いした時も、大変なへまをやってしまったことになる。先生の生前には、あまり気にもとめなかったこれらの事柄が、実はとり返しのつかないことをしていたのだった、としきりに悔まれるこのごろである。

（一九七九）

その頃のこと

一九五四年のコペンハーゲン訪問は、坂田（昌一）先生にとって初の外遊であった。そのためか、学問の面でも観光の面からも、いろいろと興味深い体験をされ、旅行を十分に楽しまれたらしいことは、「日記[1]」の示すとおりである。しかし、この間E研（坂田研究室のこと）の留守番を務めていた者の眼から観るならば、この外遊こそは、坂田物理学にとって重大な転機となるものであった。以下の小文は、言わば、そのことへの一証言である。

まずは、当時のE研の模様から話を始めよう。現在の立派な建物からは想像もつかないかもしれないが、当時の物理教室は、D研を除き、いかにもみすぼらしい木造モルタルの二階建てバラック、その二棟の中に詰め込まれていた。床や廊下は板張りで、時折学生で下駄を履いてくる奴が居て、カラン コロンといい音を響かせていた。一見、牧歌的でのどかな風景のようであるが、何分にも当時はなお戦後――衣・食・住には難渋し、とくに若者たちは絶えず空腹をかこっていた。ただし、こと研究に関しては、みな意気盛んであり、高い志を失うことはなかった。閑話休題。

バラックなので部屋数も十分ではなく、E研コロキュウムは坂田教授室で行われていた。出席者は十名前後であったから、これで十分間に合った。しかし困ったのは先生に掛ってくる電話である。当時先生は大学の内外で数々の要務についておられ、つねに研究以外の雑用を山のように抱えておられた。それは傍の眼からも気の毒なくらいであった。

そのようなわけで、コロキュウム中にも盛んに電話が掛ってくる。私たちはそれを無視して議論を続けていたが、先生はそうはゆかない。その度ごとに集中心が途切れたと思われる。電話が終ると「それで話はどうなりました？」と、私たちに尋ねられるのであった。おそらくコロキュウムで話題になっている問題を、その場で理解することは殆ど不可能だったのでは、と想像される。外遊は、まず、先生をこのような劣悪な研究環境から解放した。

こうして先生は、一転、理想的な研究場所を獲得――ニールス ボーア研究所滞在は僅か半年ほどであったが、この間に日頃の遅れを取り戻し、学問的な充電をたっぷりとなさったのだと思う。このことは、先生から折々にいただく手紙からも明らかであった。それのみか、私たち、とくに外遊前に先生と共同研究をしていた私を殊の外驚かせたのは、先生の学問的関心の在り処が徐々に変わりつつあるらしい、との事実であった。

外遊前には、先生および梅沢（博臣）氏とともに私は、「素粒子相互作用の構造」とか、朝永（振一郎）先生の「くりこみ理論」との関連から、素粒子の理論である「場の量子論の適用限界」の問題などに取り組んでいた。物事はかたちとなかみとから成るが、私たちの研究は理論のかたちに関するものであり、理論の大枠の如何を論じていたのであった。つまり私たちは、物理理論という言語の文法学者、あるいはフォーマリストだったわけである。

先生は、しかしながら、本来はフォーマリストではなく、リアリストだったと私は信じている。リアリストとは、理論のなかみ、すなわち、個々の具体的な素粒子現象そのものに興味を持つ人の謂であり、物理理論という言語の言わば文学者なのである。それではなぜ先生は、先述のようなフォーマルな問題を研究されていたのか。これには、しかし、次のような事情があった。

戦時中から戦後にかけて外国との交流はまったく途絶し、素粒子に関する新しい実験結果については知る術もなかった。このような状況においては、なかみではなくかたち、すなわち理論のフォーマルな基礎を勉強する以外に手はなかったのである。そしてこの状況が、そのまま、一九五四年まで続いていたのであった。つまり私たちの共同研究は、まだ戦後体制の中にあったわけである。

しかし世界の状況は変ってゆく。一九五〇年頃ともなると、欧米の物理もようやく活気を取り戻し、新しい実験的発見が相次ぐようになってくる。素粒子の物理でその最たるものが、「新粒子」、とくに「奇妙な粒子」の発見である。「奇妙な（strange）」というのは、素粒子反応で生成され易いのに、他の粒子には崩壊し難いという性質のことである。とにかく、奇妙な粒子や奇妙でない粒子が続々と発見されてゆく。素粒子を命名するのに、π《パイ》中間子とかμ《ミュー》粒子のように、ギリシャ文字を使う習わしがあったが、そのアルファベットでは足りなくなるような始末であった。

この「奇妙さ（strangeness）」について、いろいろと理論的説明が試みられたが、その中で中野（董夫）・西島（和彦）両氏、およびこれとは独立にアメリカのM・ゲルマンによって提案された、いわゆる「中野・西島・ゲルマン則（N・N・G則）」の考えが正しいらしいということが徐々に分ってくる。奇妙な粒子はS（＝±1、±2、…）という新しい物理量をもっており、この量が素粒子の強い相互作用の際には保存する、とする説である。

坂田先生の外遊は、ちょうどこのような時期に当っていた。ボーア研究所で十分な研究時間を得て、関連した諸問題の研究を開始されたと思われる。そしてE研への便りの中で先生は、徐々にN・N・G則の重要性を強調されるようになってゆく。

つまり先生は、ボーア研究所滞在中に、生来の本能に目覚め、フォーマリストからリアリストへの、言わば、羽化を開始されたと言える。おそらく先生は、N・N・G則というかたちの法則——あるいは先生の言葉を用いれば「形の論理」——を支える物質的な根拠は何かという問題、つまりは、この法則を先生のいわゆる「物（なかみ）の論理」として捉え直すことこそ、素粒子論における当面の最重要課題であると確信されたのであろう。これを要するに、外遊の最大の成果はフォーマリストからの羽化であり、十一月に帰国されたときに私たちの見たのは、完全に変身を遂げられたリアリストとしての姿であった。

その後のE研コロキュウムでは、数多くの新旧素粒子を系統的に理解するために、それらを数個の「基本粒子」から成る複合粒子として考えられないか、といった問題が盛んに議論されていた。

一九五五年秋のある朝、研究室に着くと、先生がニコニコしながら私を教授室に招き入れ、ポケットから手帳を取り出して私に示された。そこには、強い相互作用をもつ、いわゆる「ハドロン」族に属する粒子を、陽子P、中性子N、そしてΛ《ラムダ》粒子（S＝−1）およびそれらの反粒子$\bar{\mathrm{P}}$、$\bar{\mathrm{N}}$、$\bar{\Lambda}$（S＝1）から組み立てるという壮大な図式が記されていた。「坂田模型」の誕生である。ここでは神秘的な物理量Sに対して、Λや$\bar{\Lambda}$粒子の個数という物質的な裏付けが与えられている——形の論理から物の論理への転回は、こうして見事に達成された。

当時のE研では、人々は大抵午後から研究室に現れるのが普通だったから、この大発見を先生から最初に知らされたのは、この私だったに違いないと、いまでも堅く信じている。

当初この模型は、場の量子論での取り扱いが困難なため、半信半疑の人が多かった。しかし、一九五九年、池田（峰夫）、E研OBの小川（修三）、およびE研の大貫（義郎）の三氏が、これを数学的に処理する、いわゆる「I・O・O」の方法を発見する。これにより坂田模型は新展開を見せ、一躍世界の注目を浴びることとなる。この辺りの事情はあまりにも有名なので、これ以上の言及は不要であろう。周知のように、坂田模型はその後「クオーク模型」へと変貌し、さらにはノーベル賞の「小林・益川理論」へと繋がってゆく。

さて小文を結ぶにあたり、私は思うのである。もし――歴史にもしはないとされるが、しかし――もし、先生のボーア研究所滞在がなかったとしたら、あるいは坂田模型はこの世に存在しなかったかもしれない、と。少なくとも歴史は、いまとは大いに違ったものになっていたことであろう。くだんの外遊は、それゆえ、たんに先生にとってだけではなく、物理学史にとっても、一つの大きな事件だったと言える。

以上、坂田日記の刊行にあたり、それが書かれた当時の生き残り証人として、懐旧の一端を述べてみた。

（二〇一一）

注1）『坂田昌一コペンハーゲン日記――ボーアとアンデルセンの国で』、ナノオプトニクス・エナジー出版局（二〇一一年）。

三先生コペンハーゲンに現る——私の日記から

まえがき

一九五八年九月、オーストリアはキッツビューエルとウィーンで第三回パグウオッシュ会議が開かれ、湯川秀樹・朝永振一郎・坂田昌一の三先生が出席された（日本からは他に三宅泰雄・小川岩雄の両氏も）。当時私はコペンハーゲン大学の「理論物理学研究所」（現ニールスボーア研究所、当時の所長はボーアで七十二歳）に留学中であり、会議の前後に立ち寄られた三先生とコペンハーゲンでお会いすることができた。滞在中、おのがじし独自の振舞いをされた三先生の日々を、私の日記をもとに再現してみたい（ただし括弧内事項は本稿執筆時に追加）。いまから五十余年も昔の——ごく日常的ではあるが、しかし——英雄たちが行き交う情景のスナップショットである。

コペンハーゲン空港にて。朝永先生と筆者（左）（坂田先生撮影）

九月十三日（土）晴

朝八時ごろまだ寝ているとオルガおばあさん（パンションの女主人）の「テレフォーン」の声に起こされる。電話口に出てみると坂田先生からで「いまコペンハーゲンについたところ、十時四十分の便でミュンヘンに向かう」とのこと。急いで着替え、タクシーで空港へ。顔見知りのSAS（スカンジナビア航空）日本人係員に頼んでトランジットの待合室に入れてもらうと（当時は旅券さえもっていれば、こんなことが許された）、朝永・坂田両先生が円卓でビールを飲んでおられる。傍らに座ると、坂田先生が「SASの朝食券は使わないからどうぞ」とおっしゃるので、それにて朝食。その後はおしゃべりとビール。幸か不幸か、ミュンヘン行きの飛行機が大分遅れたので歓談する時間が十分にあり、朝永先生が「もう一本は私のおごり」と八本目を注文される（ただし八本ともカールスベアの小瓶）。ようやく十一時十分、待合室から発ってゆかれる。

九月二十二日（月）晴

昼近くまでパンションでぐずぐずしていると研究所から電話、「今日のコロキュウムはユカワの予定だが、まだ現れない。お前は何か知っているか。ホテル　ダングレテール（当市の最高のホテル）の予約はどうしたものか」と。こちらも何も知らない。急いで昼食をすませ研究所へ。二時ごろ、研究室のドアを静かにノックする人あり。ドアを開けるとそこにはボーア先生とB教授。先生部屋を覗き込み、「ここにも居ないな」と呟きながら去ってゆかれる。どうやらユカワ探しだったらしい。終日ユカワ情報杳《よう》としたまま——世界のユカワ、ボーア大先生を振り回した一日。（ボーア先生が私の研究室に来られたのは、二年間の研究所滞在中、結局、このときだけであった。なお平素、先生と面会したいときは、予め秘書のシュルツ夫人に申し込んでおくと、後日日時が指定されてくる。そして当然こちらから所長室に伺うのであった。この日のように先生自ら研究室に出向いてこられるといったことは、例外中の例外であり、ユカワが賓客として、いかに丁重にもてなされていたかが分る。）

九月二十三日（火）晴

朝研究所に行くと事務室に電報が来ている。「明日夕八時五十分着くサカタ」とある。明日から忙しくなるぞと思う。

九月二十四日（水）晴

朝日本大使館より電話、「湯川先生が昨晩到着され、いまここに来ておられる。車を廻すからすぐに来てほしい」と。指示に従い大使館にゆき、午前中は湯川先生と研究所コロキュウムの一件や、私の仕事のことなど話している。午後研究所にゆき、メラー先生（研究所のナンバー2、坂田先生と親交あり）にユカワ情報を伝える。

夕方には空港で坂田先生を迎え、直ちに先生の定宿バルチック ホテルへ。その後市役所前広場にゆき、スモーブロー（北欧独特のオープン サンドイッチ）の夕食をご馳走になる。コペンハーゲンで私の知らない所を、先生いろいろとご存知なので驚く。ウイーンの会議は湯川先生も出席されたが、「湯川さんと一緒だと矢張り疲れますね」と——先生でもそうなのかと思う。朝永先生のほうは学長職（東京教育大学）で多忙のため、ウィーンから直接帰国された由。ビールを飲みながら十二時近くまで駄弁っている。

九月二十五日（木）雨

夕方坂田先生と会う予定だったが、先生大使館に呼ばれているとのことでキャンセルとなる。恐らく湯川先生招宴の相客なのであろう。

九月二十六日（金）曇

午前中、坂田先生に何度も電話を試みたが連絡つかず、午後研究所に行くと入口でバッタリと会う。一緒にお茶の部屋へ。そこへメラー・湯川両先生が入って来られ、四人でのお茶となる。その後湯川先生のコロキュウム——今日のような大物講師の場合には、ボーア先生自らが講師紹介をされる。しかし講演「場の理論における非線形性と非局所性」は漠然とした話でよく分らなかった。

夕食は坂田先生をスモーブローの専門店「オスカー ダヴィスン」に招待する。ここはさすがの先生もご存知ではなかった。注文書は縦百二十センチ、横幅十八センチ程の細長の紙。横座標で四種類のパンの何れかを、縦座標でパンに載せる具を指定する——具の種類が全部で百七十七種類もあるのでこの長さとなる。この用紙はいいスーヴェニールになると、二人とも一枚ずつをポケットに仕舞いこむ。飲み物は無論（研究所が支援を受けている）カールスベアのビール。小さなパンに大きな具が載っていて、二つくらいで満腹になる。今日の湯川講演は先生にもよく分らなかったとか。

夕食後、坂田先生は以前（一九五四年）の下宿ブロンステ家へ。私のほうは九時にエアターミナルへ。湯川先生をここで見送る筈だったが、予定の飛行機今晩は飛ばないという。そこでとにかく先生に「さよなら」の挨拶をして帰ってくる。

九月二十七日（土）晴

朝十時、坂田先生と市役所前広場で落ち合う。お土産を買いたいと言われるのでストロイエをぶらつく。ここは老舗や高級店が並ぶ通りで、先生はお嬢さんにとアンバーのブローチを求められる（現在はファースト フードの店が立ち並び、観光客で溢れ、ごみの散乱する通りとなってしまったが）。イルムスで昼食のあと、先生お好みのランゲリニエをぶらつき、久々に人魚姫と再会される。先生が初めてコペンハーゲンを訪問されたとき、ここで素晴らしい写真をものされたことを想い出す――人魚姫の前で二人の女の子が遊んでいるのを撮ったもの（この写真は『世界文化地理体系――北ヨーロッパ』、平凡社一九五五年に掲載された）。ランゲリ

ランゲリニエ　パヴィリオンでの坂田先生（筆者撮影）

ニエ　パヴィリオンにてお茶。その後いったん別れたが、夕食時には再び市役所前広場にて落ち合い、近くの中華料理店にて食事。

九月二十八日（日）晴

十二時に坂田先生と共にブロンステ家（昔の先生の下宿）へ招待されている。S電にてヘレロプへ。B家は初めてなので道に迷い、少し遅れて到着、先生はすでに来ておられる。私は犬のベラに散々吠えられたが、四年ぶりの先生には少しも吠えなかったとか。スモーブローをご馳走になりながら、B夫妻と先生の昔話を聞いている。

午後は私の友人のA夫妻の車で少し遠出をして、フレデリクスボー城へ先生を案内、湖に姿を映して、この城は何度見ても優雅で美しい。夕食はA邸にてうどん。その後先生を私のパンションへ案内する。留守中メラー先生から電話があったというので掛け直すと、「九時にエアターミナルに行きます」とのこと。そこで私たちも荷物を持って、少し早目にそこへ行く。メラー夫妻現れ、坂田先生と贈り物の交換式となる――メラー先生「いつも私達の贈り物以上のものを頂く」と言いながら。

バスに同乗して空港へ。今回もいろいろ手を使ってゲートに入れてもらう。免税店でE研（名大坂田研究室）の連中にウイスキーを一本、坂田夫人にはチーズの詰め合わせを求め、先生に託す。今晩は予定どおり飛行機は飛ぶらしい。先生を見送ってゲートを出ると上田良二先生（当時名大物理学科教授）と出会う。外に出ると大使も誰かを見送りに来ていたらしく、帰りはその公用車に便乗させてもらう。

コペンハーゲン出発前の坂田先生（筆者撮影）

坂田先生、まことに大忙しの

一日であった。私のほうもこのところ気忙しい日々が続いたが、いざ先生方に去られると、途端にどっと淋しさが込み上げてくる。

あとがき

右の小文を読み返してみて、現在の常識からして些か不思議とも思われるような点がいろいろあるのに気が付いた。以下はそのための注釈である。

㈠　空港のゲートにまで送迎の人が入れたということ。戦後、民間航空が再開されて間もなくの頃であり、SASの北極廻りの東京・コペンハーゲン便が開設されたのは、私の滞在中の一九五七年だったかと思う。コペンハーゲンに日本大使館が設置されたのも同じころである。いわゆる観光旅行などという概念は世界的にも未だなく、東京からコペンハーゲンにやってくるのも特別な任務を帯びた人々に限られていた。そのためであろうか、送迎の者にも特別な配慮がなされていたようである。

㈡　パグウォッシュ会議出席のために訪欧された坂田先生と、会議自体について話し合ったという形跡が日記には認められないこと。その理由は恐らく、コペンハーゲンが坂田先生にとって第二の故郷とも言える程に懐かしい都市《まち》であり（最初の訪問は一九五四年）、それについて語り合うべきことが山程あったからではなかろうか。――互いの経験や発見を自慢しあったりして。

因みに件の会議では、一九五五年の「ラッセル・アインシュタイン宣言」（湯川先生も署名）を如何にして具体化するかについて広範な議論が行われ、「ウイーン宣言」として発表された。なお、これについては湯川先生の一文「ある日の感想――ヨーロッパの旅の途中で――」（湯川秀樹著作集4『科学文明と創造性』、岩波書店、一九八九年所収）が、その雰囲気をよく伝えている。

㈢　ボーア研究所との約束を果たさなかった湯川先生が、コペンハーゲン到着後真っ先に訪れたのが研究所ではなくて日本大使館だったこと。実を言うと先生の当市訪問は、百日にもわたる世界旅行の一環だったのである。六月二十三日渡欧、ジュネーブ（国際高エネルギー物理学会議、講演）――トリノ――サンパウロ（移民五十周年記念講演会）――リオデジャネイロ――ブエノスアイレス（大統領と会見、両国間の科学交流について討議、ラジオ放送も）――ブリュッセル（万博）――アムステルダム（近郊にて世界連邦世界協会の研究会）――ライデン――ジュネーブ（第二回原子力平和利用国際会議日本代表）――パリ（ユネスコにおける会議、講演）――ウイーン（パグウオッシュ会議）――コペンハーゲン、そして九月末帰国。上記の他にも各地の大学・研究所にてセミナーや一般講演を行っている。

海外旅行についての情報入手が極めて困難な当時、個人でもってこうした大旅行を準備することは殆ど不可能に近かったであろう。しかしながら、旅行中日本代表として公的に行動されることも多々あったことから、旅行の全体は訪問地における日本大使館が互いに連携し合って計画し実施していたのでは、と想像される。もしそうならば、一物理学者としての些か奇異にも見える行動は理解できる。また数日の誤差も看過すべきであろう。要するに世界のユカワ、日本人代表としての湯川は、私たちの想像を絶するような重荷を背負わされていた、ということである。有名税ではあろうが、神経を磨り減らすような日々ではなかったか。

終りに、坂田先生の最初のコペンハーゲン訪問については、自らの『坂田昌一コペンハーゲン日記――ボーアとアンデルセンの国で』（一六五頁注1）参照）があることを付記しておく。

（二〇一三）

伏見先生の「ロンドンの一ヵ月」

伏見康治先生は、一九六一年十月一日から二十九日までの間、アメリカへのヴィザ待ちのため、ロンドンに滞在された。先生を危険人物視したアメリカ政府が、ヴィザを出し渋っていたからである。『伏見康治著作集』第七巻所収の「ロンドンの一ヵ月」は、このときの追想を『みすず』三〇六号のために書き下されたものである。当時私は、先生が根拠地とされたロンドン大学インペリアル カレッジの物理教室（現在はブラッケット ラボラトリーと呼ばれている）に在籍中であり、この一ヵ月の間、先生に親しくお附き合い頂いた。先生のエッセイは「内容的順序で記し」てあるが、この小文では、私の知る限りでの先生の行状を、当時の日記をもとに、時間的順序で再現してみたい。

十月十三日（金）晴。午後、研究室へマシューズ教授が伏見先生を連れて入ってくる。そのまま、夕方まで先生と駄弁ってしまう。名大にプラズマ研究所を作るため、諸国の研究事情を視察中との由。五時過ぎ、ラッセル スクウェアにお帰りになる先生をバス停までお送りする。

十月十五日（日）曇。朝から深い霧。ロンドンもそろそろ冬の気配である。昼近く先生滞在中のタビストック ホテルにゆき、一緒にピカデリーに出て中華料理の昼食。食後リーゼントストリートをぶらついてからバスで大英博物館へ。古文書、とくにマグナ カルタやニュートンの手紙（素人が視覚についての論文を送ってきたのに対する返事）などを見る。博物館を出た所で、先生旧知のNHKのA氏に出会い、三人で再びピカデリーにゆき夕食。八時過ぎ地下鉄の駅にて解散。

十月十六日（月）曇。十時頃、研究室に出掛けようとクロムウェル ロードを歩いていると、エア ターミナル前で私どものボス、サラム教授に出会う。今晩ブラッセルでオッペンハイマーの講演があるので出掛けるとのこと。昼食後、伏見先生がふらりと研究室に現れる。相談の末、ロンドン北郊のハイゲート墓地へ出掛けることになる。地下鉄で墓地に着いた頃には、空模様が大分怪しくなっている。旧墓地ではファラデイの、新墓地ではマルクスの墓などを見る。前者は、うっかりすると見逃してしまいそうな位に質素なもの。しかし後者は、一寸した記念碑のようで堂々としている。「肝腎なのは、世界を様々に解釈することではなく、世界を変革することである」という意味の言葉が彫り込んである。秋も深まり、辺りは枯葉でいっぱい。帰りはウォタールー公園に出てバスに乗る。二階席最前列に坐り、山手のロンドンを高見の見物しながらサウス ケンジントンへ。イタリー料理の夕食。「最近は日本の物理屋で、欧米に流出したまま帰って来ない人が多いが、これはよろしくない。あなたも早く帰国しなさい」とおっしゃる。八時過ぎ、地下鉄の駅にて別れる。

十月十八日（水）曇。朝、先生が研究室に来られ、「月末までロンドンに居なくてはなるまい」とおっしゃる。都合よくサラムが在室だったので先生に紹介、そのまま一緒にスタッフ食堂にゆき昼食。午後も引続き自室で先生と駄弁っていると、教室主任のブラケット先生が入って来て、「ここにいらっしゃったのですか。何か不便なことはありませんか」と、先生に大変気を遣っている様子。私などは、ブラケット大先生と言葉を交すのは、こういうことでもないとなかなか叶えられないのだが。

十月十九日（木）曇。先生のロンドン滞在が長くなりそうなので経費節減のため、カレッジや私の下宿にも近い安宿シェルボーン ホテルに引越して頂く。二人でホテルを点検したあと中華料理の昼食。一緒にカレッジに帰ったがそのまま再び駄弁り続け。夕食は、先の日曜日に出掛けて休みだったフリート ストリートのレストラン Ye Olde Cheshire Cheese へ。創業は中世、以後の地盤沈下のため、現在の地階は昔の一階だったという。先ずビールをとり、名前がよいからと「フェイマス プディング」を注文。しかし、隣りで食べているロースト ビーフが美味しそうなのでこれも追加、辛しのホース ラディシュがよく合う。一人一ポンド余の豪華ディナーとなったが、今晩は先生のおごり。食後、酔いをさますためホルボーンまで歩き、ここで別れる。

十月二十日（金）曇、雨。朝、グロスター ロードのいつもの靴屋へ先生の靴を修理にもって行く。午後のお茶は先生とマシューズと三人で、物理教室八階にあるティー ルームへ。マシューズは「科学者の過剰生産」という問題について、頻りに先生を説得している。

十月二十一日（土）曇。遅い朝食のあと下宿でぼんやりしていると、「散歩の途中寄ってみた」と先生が現れる。どんな所に住んでいるのか、の偵察だったらしい。十分ばかりして出てゆかれる。

十月二十二日（日）雨、曇。朝、先生より「昼食を一緒にどうかね」と電話があったので、一時頃先生のホテルに伺う。先生の案内で近くの印度料理店へ。午後はトラファルガー スクウェアに繰り出し、ナショナル ギャラリーでビュール コレクションを見る。日曜のせいか、かなり混んでいる。その後ヘイ マーケットにて少憩。先生は、ギャラリー前で出会った阪大や東大の人達と夕食を共にするとのことなので、彼等のホテルまでお送りして別れる。

十月二十三日（月）晴。朝、カレッジへ出掛ける前にケンジントン ハイ ストリートに出て、今晩のオールド ヴィイック劇場の切符二枚を購入。午後のお茶は、先生及び同室のチョウダリ博士と三人で八階のティー ルームへ。珍しく天気がよいので、ヴェランダに出て写真を撮りあう。夕方、先生と早目にカレッジを出て夕食。バスにてオールド ヴィック劇場へ。中学生くらいの団体が来ていて、ロビーは騒々しい。演し物はシェークスピアの「十二夜」。ほのかなペーソスを湛えた男女の愛のもつれを画いた喜劇。十時半に終り地下鉄で帰る。

十月二十四日（火）雨、曇。朝食後、雨の止むのを待っていたが埒があかないので、十一時過ぎカレッジへ。先生よりのメッセージあり。「バーミンガムの中野（藤生）さんがロンドンへ会いに来たいと云っているが、代りにストラトフォードに来てもらっては如何」とある。この木曜日には、先生とストラトフォード　アポン　エヴォンのシェークスピア記念劇場へ、本場のシェークスピアを観にゆく計画を立てていたのである。午後、三人分の切符を入手すべくあちこちへ電話してみたが不成功。かくてこの計画はオジャンとなる。

十月二十五日（水）晴。先生、チョウダリと三人で昼食に出たあと、久々の好天気なので、カレッジの向い側のハイドパークを散歩。サーペンタイン池に沿い、ピーター　パンの像の所まで足をのばす。ロンドンも天気がよいとなかなか美しい。

十月二十六日（木）晴、曇、小雨。今日はカレッジのコメモレーション　デイ（創立記念日）。我々は無料の茶菓が出るパーティに出掛けたが、先生は儀式の方へ。夜は先生とテームズ南岸にあるロイヤル　フェスティバル　ホールのコンサートに出掛ける。チェアリング　クロスで地下鉄を降り、ハンガーフォード　ブリッジを歩いて渡る。橋上から見るテームズの夜景は秀逸、これを先生にお見せしたかったのである。セント　ポールズ寺院や「大ロンドン」市役所などが照明をうけて美しい。コンサートは、サー　エイドリアン　ボールト指揮のロンドン　フィル。曲目はシューマンの「第一交響曲」、ベードーヴェンの「エレジー」、そして休憩後はブラームスの「ドイツ鎮魂曲」。エレジーは弦のみで演奏される五分ばかりの小曲。リリカルで美しい。

「ほほう。ベートーヴェンにも、こんな少女的な面があったんですか」と先生。私にもこれは初めての曲、プログラムを見ると「本邦初演」とある。後半のブラームスは、二人の独唱者と合唱が加わる大曲。ボールトの容姿そのままの端正な演奏である。終了後、ホールのバーにて一杯。「人間の声もなかなか美しいものですな」と先生は感に堪えぬ風情。

十月二十七日（金）雨、曇、晴、……。午後のお茶には、先生と、先日プラーハからやって来たウレーラ教授の三人で八階のティー ルームへ。「モルダウというと、スメタナが描いたような美しい川を想像なさるかも知れないが、実際は大違い。近頃は方々にダムなど出来てしまって……」といった最新チェコ事情をウレーラより聞く。夕食はクイーンズ ゲートにて。宿への帰途、「何処かで一杯やりたいですな」とのことなので、近くのエア ターミナルのバーに落ち込む。「伏見物理学精髄」の講釈をして頂く。「アメリカのヴィザも出て旅程もたった。ヴィタミン剤が余りそうだから上げましょう」とのことなので、先生についてホテルへ。そしてまた、十一時近くまで駄弁ってしまう。テーマは、「某国政府のビューロクラシー批判」。

十月二十八日（土）晴。久々に好天気。昼近く先生より「バーミンガムから中野さんが着いた。これから二人でそちらに行く」との電話。一時過ぎ両氏が下宿に現れ、直ちにアールスコートに出て印度料理の昼食。相談の末、グリニッチへ「座標原点」を見にゆくことになる。オールド スワン ピアにてテームズ下りの船に乗る。三時発。今日のガイドはコクニーではなくて分り易い。一時間の船旅でグリニッチ着。デッキで風に吹かれていたので、身体はすっかり冷えきっている。公園を抜けて小高い岡を登るとロイヤル オブザーバトリーがある。本初子午線を示す白線を跨いだりして記念撮影。初代アストローノマー ロイヤルだった人の名前のついたフラムステッド ハウスには、航海用の観測器具など沢山展示してある。これには先生大いに興味を示し、盛んに写真を撮っておられる。岡のふもとのレストランにて少憩。帰りはバスに乗り、二階席からテームズ沿いの風景を楽しみながらロンドンへ。レスター スクウェアにて夕食。先生にはこれがロンドン最後の夜、ブラッケット家に招ばれているとのことなので、そこへの道順をお教えして別れる。

本初子午線での伏見先生（筆者撮影）

　十月二十九日（日）晴、薄雲。朝食後シェルボーン ホテルへ。既に中野さんは来ていて、未だ朝食中の先生を囲んで最後の歓談。食後、タクシーにてヴィクトリア エア ターミナルへ。飛行場は霧とかで、空港バスも三十分以上遅れている。その上我々は、今日から冬時間なのに依然夏時間で行動していたので、一層時間の余裕がある。十時十分、漸く先生の便、ニューヨーク行BA 101のためのバスが出発。先生より非常に丁重なお礼をいわれ恐縮。バスの去った後も、中野さんと二人、しばしそのまま、ぼんやりと立っている。……

（一九八七）

理と文——あくまでも論理的に

語言文章はいかにもあれ、思う儘の理を顆々と書きたらんは、後来も文はわろしと思ふとも、理だに聞ゑたらば道のためには大切なり。

正法眼蔵随聞記

文法を知悉していても、沙翁のような詩句を綴れるわけでもないが、論文をよりよく書くための「必要条件」の如きものは、あり得ると思われる。それらの条件の中から、私が平素最も重要と考えている事柄——論理的に書くこと——を中心に、二三の注意を述べてみたい。

いにしえ、学問の起こりはロゴスであったといわれているが、その本質はいまでも同じである。特に理科関係の論文においては、情緒とか雰囲気といったパトス的な修辞をば極力排除し、多少ゴツゴツとはしても、骨太の論理がしっかりと通った構成を、先ず心掛けるべきであろう。論文を書くときに私は、最初の数時間を、「論理の配線図」を作るのに費やしている。時にはこのために数日を要することもあるが、一旦図面ができてしまえば、実際に文章や式を書き並べる作業は、比較的スムーズに進行する。

しからば、「論理的に書く」とはどういうことであろうか。〝AならばBである〟(以後A↓Bと記す)、B↓C、…、Y↓Z、故にA↓Z、という風な言い方は、誰がみても確かに論理的であるが、現実の状況は、しかしながら、多面的・多次元的であり、このような一次元配線図の枠には収まりきらないのが普通である。実際には、B↓Q、Y↓D、…、R↓F等々の言明を全体的・立体的・同時的に考察し、そこから何らかの結論を見出さねばならない。この意味で論理とは、多次元的なものを一次元化するという非合理的側面をもっている。このことはまた、本来一次元的構造をもつ文章記述なるものの、逃れ得ない宿命であるともいえよう。従って、何をいかなる順序で、いかなる相互関連のもとに書くのか、が問題となってくるが、これを指示するのが配線図の役割である。

さて、図面作製のために私の準拠している規則は、以下のように単純なものである。即ち、より普遍的なもの、より確実なもの、個別的重要性をもつもの(当該論文で強調したい点)等を先に置くのである。また、各事項の相互関連については、次の「改訂レゲット図」をもとに判断している。

この図は議論の展開乃至はその文章化の仕方を示すもので、帰納の場合は左から右へ、演繹

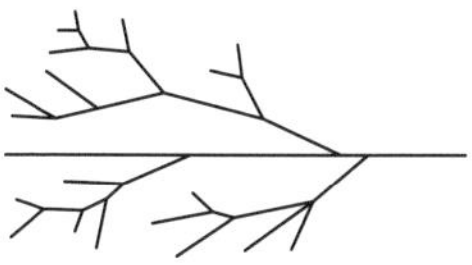

D型

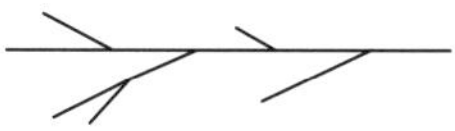

E型

の場合は右から左へと眺める。私がD型と称しているものは、ドイツの哲学書などによくある型で、多くの事項を挿入句によって並列し、長々とした文で論述する方式であり、日本人にもこの型の人が多い。他方E型は、英米人の科学論文に見られるもので、個々の文はできるだけ短くし、多少の枝葉は許すにしても、連結構造は単純である。両者には勿論一長一短はあるが、最近の科学論文の傾向は、分り易さの点からE型を採るのが大勢であり、私自身もこれに従っている。さらに付加的注意として、前提と帰結の区別や、確実な言明と推測を含むそれとの区別を明確にすること、また、自分の思考過程をそのまま論文に移す傾向が、特に初学者に見られるが、発見に到る順序は必ずしも論理的順序とは一致しないこと、等も留意すべき点であろう。

論文を論理的に書くことの大切さを、私は師のS先生から教わった。大学を卒業して間もない頃、先生と共著論文を書くことになり、草稿は先ず私が纏めた。しかしながらその草稿は、先生によって容赦なく截断され、かなりの部分は捨て去られ、残った部分は大幅に順序が入れ替えられた。その結果は殆ど当初の面影を留めない程であったけれども、論旨は驚く程明快となり、極めて説得力のある論文に変貌していたのであった。

さて、記述がいかに論理的にみえても、それの基づく個々の事項が不確実なものであっては、論文としての価値は半減する。論文には、本当に確実な事柄だけを書くようにしたいものである。これは日頃私が痛感していることであるが、日本人の論文には、例えば七のことをやっても、恰も十をやったかの如くに書いてしまう傾向がある。十だといえば、その結論は華やかで一時的には世間の耳目を引くが、日ならずして欠陥を露呈し、論文は短命に終る。これに反して欧米人学者の場合には、十の結果の中でも本当に確実な七か八だけを発表する人が多い。そのため結論は比較的地味なものとなるが、確実性があるので論文としての寿命は長い。

このことに関連して、今でも私の脳裡に鮮烈な印象として焼きついている思い出がある。二十数年前コペンハーゲンの研究所に留学していた折の、K教授のことである。著名な理論物理学者であり、また猛烈な勉強家としても知られていた教授は、当時、素粒子の統一場理論を研究しており、厖大な計算結果が分厚いファイル五、六冊に纏められていた。私ならば、さしずめそれらをもとに、数篇の論文を書くと思うのであるが、教授は唯一篇をものしただけであり、それも結局、慎重を期して本印刷されずに終ったのであった。換言すれば、教授の公表された論文は、多くのこのような未発表の蓄積に支えられていたのである。大打者は十の力があっても七か八の力でバットを振り、ホームランを打つというが、この教訓は論文執筆にもあてはまるのである。

正確な表現のために適切な言葉を選ぶことも、必要条件の一つである。概して、私どもが表現したいと思う事柄は、アナログ的な性格をもっている。それを、単語というデジタルな要素の組み合わせによって表現するのは、畢竟、一つの近似である。そして近似の改良は、より適切な単語の選択による以外に手はない。かつてダブリンの研究所に居た頃、老碩学L先生のお世話になった。先生は、ハンガリー生まれであるが生涯の大半を英語圏に住み、その英語は極めて流暢なものであった。しかし、話題が学問上の微妙な点に及ぶと、「私はこの（英語の）単語にはfeelingがないので…」と、語法の是非を一々周りの人々に確めながら、話を進められるのであった。そのような先生を見ていると、論文を、しかも外国語で書くなどとは、全く恐ろしいことだと思わざるを得なかった。この経験から私の学んだ教訓は、「その場で辞書をひいて知ったような馴染の薄い表現よりは、たとえ月並ではあっても、その意味や使用法について熟知している表現を選ぶべきこと」である。

少し脇道にそれるが、プロの科学者にとって論文とは、それによって己れの存在価値を世に問うものであるから、執筆には真剣勝負の気持で臨むべきである、と私は考えている。先に述べたS先生は、論文一つ書きあげる毎に精神集中の結果胃腸を害し、げっそりと痩せてしまわれるのであった。論文を書くとは、先生にとって、まさに「腸をしぼる（芭蕉）」ような作業だったのである。まことに見事なプロ根性というべきではないか。

以上、私の所謂「必要条件」について述べてきたが、これだけでは、勿論、十分でない。私は多くのものを師や先輩達から学んだが、学生諸君の場合も、自分自身に適した有効で実践的な方法をば、いろいろと経験を重ねることにより、自ら学びとってゆかれるべきであろう。そういった過程において、私の意見が何らかの参考になれば幸いである。

（一九八二）

創り出された自然像

ノーベル賞の金メダルの裏側には、次のような絵が描かれているという。中央にナトゥーラ(natura——自然)という女性が立ち、彼女の被っているヴェイルを、その横に立っている別の女性スキエンティア(scientia——科学)が持ち上げて顔をのぞき込んでいる——これは、科学あるいは科学者の営みに対する一般的・常識的な見方を図案化したものであろう。つまり科学者の行う発見(discover)とは、自然をあるがままの姿において眺め、法則や真理を隠している被い(cover)を取り除く(dis-)ことに他ならない、ということである。

筆者の訳した(『物理と実在——創り出された自然像』)の著者B・グレゴリーは、しかしながら、これとは全く異なった立場をとる。自然のあるがままの姿を眺めるだけでは、そこから何らの意味をも読み取ることはできない。遠近法によって描かれた画に遠近を認めるごとく、なまの観察データに対して、ある立場からの解釈を加えて処理することにより、初めてデータに意味を与え、それを理解できるようになる、と主張するのである。観察データの解釈は、もちろん、言語によってなされるが、そこで用いられる単語――種々の概念――は、当然のことながらわれわれ人間の考案したものである。したがって、このような言語でもって語られる物理的現実もまた、自然のあるがままの姿などでは決してなく、人間の側で創り出したものに他ならない。物理学とは、したがって、自然を語るための一種の言語である、ということになる。いささか異様にも響く本書の原題「実在を考案する――言語としての物理学」は、著者の以上のような科学観に由来する。

自然を語るためだけならば、よい言語、強力な言語とそうでない言語との区別は、一体、どこにあるのであろうか。この問いに対して、著者は次のように答える。よい言語、強力な言語とは、単に既知の経験事実を詳細に記述し得るだけではなく、なるべく多くの未経験の事柄を、しかもより精密に予言できる言語のことである、と。そして本書の目的は、言語としての物理学が、どのようにして現代の物理学者たちの語る言語にまで発展してきたのか、その過程と必然性とを解明することにある、とする。

このために著者は、アリストテレスやアリスタルコス、プトレマイオスから説きおこし、コペルニクス、ケプラー、ガリレイ、ニュートンを経てアインシュタイン、ボーア、ハイゼンベルクに至る系譜をたどり、これらの人々の考案した言語の解読を試みる。さらには現代の基礎物理学、特に素粒子論の現況へと説き進み、最近の種々の理論的試みに対し痛烈な批判と警告を与えている。この場合、著者の関心事は、過去の事実の歴史的記述にあるのではなく、物理学の思想的変遷の跡をたどり、その史的必然性を探ることにある。したがって、著者自らも断っているように、史的事実の取捨選択は、このような観点から比較的自由になされている。言うまでもなく、著者のごとき科学観は別に目新しいものではない。しかしながらこの著者は、全巻を通じて自説に有利な証拠を次々と提出し、いかなる読者をも自らに同調させせんものと、雄弁でかつ粘り強い説得を繰返している。

訳者には面識はないが原書の袖の説明によれば、著者ブルース グレゴリーは現在米国ハーヴァード スミソニアン宇宙物理学センターの副所長であり、長年の間、科学ナショナルアカデミーの幹部職員を兼ねているとの由である。「天文学の将来」から「人工化学物質のオゾン層への影響」に及ぶ、非常に広汎な科学上の諸問題について多くの著作がある。科学の解説家としても多忙のようで、過去二十年以上もの間、中学生から国会議員に至る多種多様な聴衆に対して、一般的・啓蒙的な講演を行い、高い評価を得ているという。

このような経験に基づき、本書における記述や説明も、なるべく専門用語は避け、式は一切用いずに（例外と言えば $E=mc^2$ と $E=h\nu$ であるが、これらも相対論や量子論を象徴するものとして引用されている）、極めてわかりやすいものとなっている。難解な概念を説明するのに、巧妙な比喩を用いるのも、この著者のよくするところである。中でも、現代素粒子論における基礎原理の一つである「ゲージ原理」、特にこれと関連した「局所的ゲージ」と「大域的ゲージ」を、同じ町の住民の時計合わせの仕方に喩えたり（第九章）、物理学者の観測結果に対する判断を、野球審判のボール・ストライクの判定になぞらえる（第十五章）などは、まさに秀逸である。著者の手法の、さらにもう一つの特長は、著名な物理学者や数学者、哲学者からの引用をふんだんに用いて、自らの論旨を補強していることである。これらの引用を適当な順序に配列するだけでも、本書の全内容を要約できるのでは、と思われるほどである。いづれにしても、引用文だけを拾い読みするのも、訳者には大変楽しいことであった。

終りの数章における著者の数学観・言語観も、まことに興味深い。また、エピローグ冒頭で引用されている唐代禅僧の句「一物ヲ説似（示）スルモ、即チ中ラズ」は、甚だ意味深長である。この句の意味するところは「物事の本質は口舌や文字でもって表現することはできない」ということであるらしい。おそらく、この引用は、「物理学は自然を語るための言語である」との自らの主張を、言葉でもって縷々説明してきたことに対する、著者の複雑な心境の表白なのであろう。

物理学とは何だろうか？　物理学者であると否とを問わず、科学に興味をもつ人であるならば誰でも、このような問いが、折にふれて脳裡をかすめるのではなかろうか。朝永振一郎先生に、この表題の著書（岩波新書、あるいは朝永振一郎著作集第七巻——みすず書房）がある。この本も、本書の手法と同じく、古典物理学の確立に至るまでの過程を歴史的にたどっている。しかし、表題の問いに対する具体的回答はそこでは与えられていない、と私には思われる。因みにこのことの理由は、朝永先生の著作が未完に終ったことによると思われるかもしれないが、本当の理由は別のところにあった、と私は信じている。科学とは、万人に納得のゆく確実な領域を共通の土俵とすべきであり、この問いの要求するような、多分に各個人の哲学的立場に依存するような領域には、徒に立ち入るべきではない。これが先生の科学者としての信条でありモラルであった、と私には思われるからである。「参考資料はこの本で十分に提供したから、答えは自分で考えよ」が先生の当初からの意図ではなかったろうか。

これに反して本書は、くだんの問いに真っ向から挑み、著者自身の直接的な回答を与えている。自らの見解をそこまでまとめあげた努力と、それを堂々と披瀝した勇気に対し、敬意を表したい。著者の議論は極めて説得力をもつものではあるが、その見解に同意しかねる読者も多いであろう。しかし、いざ自らの回答をまとめようとするときには、本書はよい参考書になると思われる。差し詰め、たとえば、大学の文科系学生に対する一般教養の物理学を、本書のような線に沿って講じてみてはいかがであろうか。

（一九九三）

朝永諧謔性とその周辺

1

電話口で「私の名前はトモナガシンイチローです――トモは朝日のアサ、ナガは永久のエイ、シンは野球の三振のシン、イチローは普通のイチローです」こと朝永振一郎先生（以下敬称等は略）は〝普通の〟ではなく、〝世界の〟イチロー級の資質をもった非凡な諧謔家《ユーモリスト》でもあった――その技は単純・巧妙・大胆・洒脱。長年、教授や学長を務めた東京文理大や同教育大には、代々語り種となっている数々の傑作がある。

例えば教養課程の一般物理学の講義で「今日は原子つまりアトムについて話します」と宣して、黒板にさらさらと描いたのが〝鉄腕アトム〟。三振などではなく、先頭打者ホームランというべきか、学生を講義に集中させる最高の技であった。あるいは「エー大学教授と噺家とは実に似通ったところがございまして、コーザ（講または高座）というところに上がりまして、あいも変りませず、お古いばかばかしいところを一席お伺い申し上げまして……」と、おそらくこれは、いわゆる〝朝永落語〟の枕だったかと思われる。

ここにその朝永落語とは、毎年、年末となると物理学科の学生や教師が一緒になって、〝ニュートン祭〟と称していろいろな行事をする習慣があった。その打ち上げ大コンパの席上、皆の所望に応じて行われた小咄が朝永落語なのである。学長職などで多忙となってからは、その機会は少なくなったが、定年後は、大学が筑波に移ってからも、度々〝ニュートン祭記念講演〟をやって貰った。そしてその夜は大コンパと決めていて、そこでもいろいろな隠し芸（例えばトンネル効果）の披露があった。

朝永冗句は右のほかにも多々あるが、その精髄のほどは最終章で述べることにして次に移ろう。まず生じる疑問は、〝朝永諧謔性はどこから来たのか〟である。学内一般の通説では、東京に出てきてからの寄席通いで学んだのではないか、とされている。

一九二九年朝永は京大を卒業し、以後三年間は京大に残るが、一九三二年に上京して理研仁科研究室に入る。なんと二十六歳にして初めて親元を離れたことになる。朝永自筆の年譜によると、当時の日常はこうだった――

東京に移るとともに健康をとりもどし、下宿生活の自由もいくらかエンジョイした。寄席に精励し、アルコールの味もおぼえた。

とくに教育パパだった父三十郎氏（京大哲学教授）の許を離れたことが大きかったのでは、と筆者は観る。

しかし近年に至り、右の通説を覆す資料が発掘された（小沼通二・杉山滋郎『みすず』二〇〇九年四月号）。一九二六年五月と翌二七年七月に書かれた朝永による二通の手紙と、その頃の姉志づの手紙である。いずれも当時ドイツに留学中の、姉志づの夫堀健夫氏（京大出身の物理学者で後に北大などの教授）に宛てたもの。その頃志づは実家に帰り、振一郎と同居していた。その彼女によれば「（振一郎は）例の通り馬鹿なことばかり申して人を笑わせています」とある。

実際、この剽軽ぶりは彼の手紙からも見て取れる。最初の手紙は、京大や三高（旧制第三高等学校）の事情に詳しい義兄に、入学したばかりの京大物理学科の教授や講義について面白おかしく報告している。単に京大に入学したと伝えるためにも長々と認《したた》める——

さて僕は、今や角帽をかぶり、これでも角帽をかぶると大学生に見えますから、大学生になりすまして、毎日例の煉瓦建てに参ります。

自分をも人事《ひと》のように、対象化して記述しているのも面白い。二通とも便箋四枚に及ぶ長文で、一通目には初めて食べた〝一本うどん〟の、とぐろをまいた様《さま》のスケッチまで添えてある。以上のような事実からして、朝永諧謔性は決して後天的ではなく先天的な形質だったことが分る。もっとも、東京に出てきてからの寄席通いが、生来の諧謔性に技術的な洗練を加えたであろうことは、充分にあり得よう。

2

ただしそのことの詮索に入る前に、寄席通い事始めの模様について、もう少し付言しておきたい。朝永自身がある対談で語った興味深い言葉があるので、いささか長いがここで引いておく（『朝永振一郎著作集』別巻1　四五頁、括弧内は筆者）。

ぼくのオヤジは相当堅い人間だったのだけれども、中学から大学まで東京で過ごして、やはり相当青春を楽しんだらしく、東京にいったら寄席にいってみろというのだ。落語っていいものだよと。ところがその寄席がどこにあるかしらないし、どういうふうにしていったらいいかしらない。するとその竹内君（下宿も勤め先も同じ竹内柾氏のこと、のち横浜国大教授）が寄席によくいく奴で、彼が神田の立花亭というのを教えてくれた。初めて行ったのが桂文治（八代目）が祇園会というのをやるときで、これはつまり江戸っ子と京都人とが、祇園祭と神田祭とどっちがいいかと議論するやつなんですね。話の中で江戸っ子が江戸弁使うし、京都人が出てきて京都ことばを使うでしょう。それからすっかり寄席の空気というのが気に入っちゃった。

なお「下宿生活は退屈」なので寄席の他にも新劇にも凝ったし、山歩きも試みたらしい。どれもこれも傍らに指南役の悪友がいたからだったとか。寄り道が過ぎたが本題に戻ろう。

ここで検討すべきは〝朝永が落語から具体的に何を学んだのか〟であろう。まず考えられるのは〝間の取り方〟と〝落ち〟ではなかったか。彼の話法における、えも言われぬ味は、ここから来たのではと思うからである。例えば学術的な講演においても間の取り方が絶妙であった。「くりこみ理論と申しましても実のところ――(間)――しりごみ理論でありまして……」となる。この間が入ると聞き手たちは、あの朝永が次に何を言うのかと、一瞬聞き耳を立て固唾を呑む。そして〝しりごみ〟と聞いて爆笑となる。こうして彼の講演記録には〝(笑)〟が沢山入ることとなる。

しかし、その間の取り方が最も効果的だったのは、数人で朝永を囲んだときの会話である。一語一語に無駄がなく、それらが適度の間をおいてゆっくりと語られる。テンポも微妙に調節され、それが聞き手を心地よくする。不思議なことに、各人のバラバラな発言が、最後には一つのまとまった鳥瞰図となっている――師により、まとめの落ちが付されたからか。

朝永の晩年、松井巻之助氏（みすず書房の朝永担当の編集者）が新宿の番衆町（この町名は今はない）に朝永用仕事部屋（あるいは隠れ家）を設けた。「晩に集まるから〝晩集会〟とするか」との朝永の命名で、月に一回そこに集まった。メンバーは他に戸田盛和・江沢洋両氏と筆者、永田恒夫氏（教育大）もときに飛び入りし、松井夫妻が世話役を務めた。三人の中の誰かが適当な話題について小一時間進講し、その後が雑談となる。朝永話術の粋を満喫できたのは、この時の会話であった。とこうする中に松井夫人の手料理が出て来て、一杯も添えてある。そして例えば、長野から届いたばかりのたらの新芽を賞味する、等々。本題に戻ろう。

次なるテーマは〝落ち〟である。それの朝永話術への影響は勿論のこと、好んでものされた随筆にも及んでいるのでは、と思い当った——つまりずばりと簡潔に結ばれているのではなかろうかと。そこで定量的な調査を試みてみた。『朝永振一郎著作集』第一巻を取り出し、そこに収めてある四十篇の随筆それぞれの最終パラグラフに含まれている文の数（つまり句点の数）を数えてみた。結果は予想通り、一、二文からなるもの十九篇、三文以上最大九文から成るものが二十一篇、ほぼ半々であった。つまり随筆も落ち的に結ばれているということ。

因みに筆者の大好きな朝永随筆は〝なまいき〟である。未成年かと思われる若者のたばこの吸い方や、白子《しらす》にまじった小さな蛸の子のあわれな姿など、観察が細やかで、その描写が憎らしいほどに巧みである。そして、ただ一文だけの最終パラグラフもしんみりとして意味深い

——

思えば、人間もふくめてすべての生きものたち、なまいきな子供や、なまいきな若者たちが跳梁して、はじめて、れんめんと種族を続けさせているのであろうか。

3

これまでは朝永の落語との関わりを、外面的・形式的な側面から眺めてきた。しかし朝永諧謔性の理解をさらに深めるためには、内面的・精神的な側面からの観察も必要であろう。そのために筆者は一つの自問自答から始めたい。すなわち、落語とは、一体、何であるのか、そしてこれに答えて――

落語とは、いささか大袈裟な言い方になるが、人間のあり様《よう》や生き方、つまりは〝人間とは何か〟という抽象的命題を、通俗的な具体例によって、誰にでも分りそして感じられるような仕方（言葉、話し方、表情、身振り等々）によって解明しようとする試みである。別言すれば、それは人生哲学の表現芸術である。

他の芸術におけると同様に、ここでもそれに真剣に対峙しようと思えば、無心になって徹底的に傾倒することが求められる。そのためには、心にゆとりがなくてはならない。そのゆとりが朝永にはあった、と筆者は観る。

京大物理学科の後輩で、下宿も勤め先も同じだった小林稔氏（のち京大教授）の証言がある（小林稔ほか『みすず』一九八五年十一月号）――

彼の勉強時間は短いですよ。もちろんくりこみやら超多時間理論の頃はそうではないでしょうけれど、少なくとも私と一緒に理研に居た間は、本当に勉強の時間が短かったです。彼が物理の本を下宿で読んでいたことはありませんでしたね。下宿に帰ると写真集を広げて見てたり、ファーブルの昆虫記を読んでいたりしていました。

察するに、研究に必要な勉強は、日中、研究所でやるだけで充分だったらしく、下宿に帰れば何か別の事をやるゆとりがあったということ――朝永の才能なればこそであろう。

この時期の彼には、さらに愉快な逸話がある。教育パパの三十郎氏が先輩教授の西田幾多郎氏（号は寸心）に「何か若い者を鼓舞するやうな言葉を」と揮毫を願ったところ、「古人刻苦公明必盛大」との慈明和尚の言葉を書いてくれた。それを掛け軸に表装して上京する振一郎に持たせた。しかし「これを下宿の床の間にかけておくと、何だか始終叱りつけられているような気がして」と振一郎は帰省の折、家に持ち帰ってしまった。そして代りに別の掛軸を持っていったという。確かにこの和尚の言葉は下宿のゆとり部屋には目障りな代物だったに違いない。

因みに最初の掛軸は、現在〝筑波大学朝永記念室〟に保存されている。そこにはもう一つ寸心の書がある。横長の額で「春光佳」とある。これならゆとり部屋にはぴったりである。しかし、これが代りにもち帰ったものであるか否かは不明である。

ともあれ、ゆとりとは結局余裕であり、ただ一つの事柄に固定化せず、様々な可能性をも客観的に考慮するという意味でのゆるやかさでもある。そしてこのことが、彼の研究面でもよく現れた。例えば次のような逸話がある。くりこみ理論が未だ確立されていない頃であるから、一九四七年春の学会辺りだったかと思われる。

当時は場の理論の困難解決のため種々の理論が提出され、正しく百家争鳴の状況にあった。その一つである〝C中間子論〟の提唱者坂田昌一教授（名古屋大）が、「量子電磁力学だからと言って、電子と電磁場だけを考慮し、C中間子の存在を無視するのは、正しく木を見て森を見ざる偏狭な見解である」と息巻いた。しかし、次いで登壇した朝永の曰く――「私のくりこみ理論は、その森の中で腰を下ろして一服するようなものでして」と軽く受け流したという。

考え方にゆるやかさがあれば、他のそれぞれの理論の一長一短も自ずと見えてくるであろう。百花繚乱の中から、朝永のくりこみ理論だけが最終的に生き残ったのも、まことに宜《むべ》なるかなである。

こうした傾向は彼の物理学に対する態度にも現れた。先に落語をば人生哲学の一形式としたが、物理学も〝自然哲学〟と言われることがある。因みに英国ではこの言い方が、ニュートン以来、筆者の滞在した前世紀中頃にもなお行われていた。しからば両哲学に何らかの共通性はあるのか。
従前の物理学――いな全科学――は、権威主義のためか、あるいは衒学性に因るのか、述語をば漢字ばかりで表現する風習があった。落語並みに、それを平易な言葉で表現してもよいのでは、と朝永が考えたか否かは分らないが、ともかく彼はそれを実行した。真正の哲学の場合、用語の平易化は厳密性を損なう恐れがあるが、物理学ではその心配はない――つねに数学的な規定が伴うからである。

こうして、量子力学における〝重畳原理〟を〝重ね合わせの原理〟とし、研究協力者の木庭二郎が〝自己無撞着的引算法〟としたのを退け、〝くりこみ理論〟を採用した。ときに平易化は動詞にも及んだ。われわれが無造作に〝観測装置を設置して〟と書くところを、〝観測装置をしつらえて〟と潤いのある表現を用いた。

ゆるやかさは、晩年にはさらに物理学自体のあり方批判にまで及んだ。一般に実験家は高温・高圧・極低温、あるいは高真空や高エネルギーと、身の回りの自然界には通常存在しないような極限状態を作り出して実験を行う――つまり自然法則を不自然の中に探索するのである。こうした方法を朝永は、「自然を拷問にかけ泥を吐かせるやり方」だとした。そうではなく自然にもっとやさしく相《あい》対し、そのありのままの姿を眺めるやり方もあるのではないか。この種の物理にも目を向けるべきではないのか――例えば生物や環境、地球や宇宙などの物理に、と(『朝永振一郎著作集』2　一四九頁、同4　一九五頁など)。こうした期待はその後概ね実現されたが、環境物理だけは未だしのようである。ともあれ、異常気象や温暖化は人類緊急の課題である。

畢竟するに、朝永におけるゆるやかさとは、不必要なところでは肩の力を抜け、ということのようである。その元はと言えば諧謔性にあったのかもしれない。

4

朝永の諧謔的な作品で、これぞ極上かと思われているものが二つある。それを知る人たちが段々と少なくなり、結局は永久に失われてしまうとすれば、正しく文化的な損失であろうと考え、ここに認《したた》めておくことにした。実を言うと、先立つ三章を長々と書いたのも、このことを書きたいがためであった。

その第一は、1章で述べたニュートン祭における朝永落語「割り箸」である。これは彼の創作落語だとされており、度々再演され、その都度表題も「角砂糖つまみ」とか「おつまみ」となり、それに応じて内容も多少変更されたようである。以下にはその原典版を示す。

まずは状況の設定から（筆者の脚色による）。おそらく昭和の初期ころまでの時期、わが国には次のような風習があった。田舎の良家の娘さんが、町の教養ある家庭、例えば大先生の家に住みこみ家事手伝いをする。それを通じて娘さんは、先生夫妻から礼儀作法や料理・裁縫・

お茶・お花などなどを教わり、いわゆる花嫁修業をする。以下はこのような状況下での出来事と想像されたい。

ある日先生が娘さんに伝える——「今日はお客さんがあるから、お茶とお菓子の準備をしておきなさい」と。娘さんはそこで羊羹を取り出して切り、それを指でつまんで菓子盆に載せた。それを見て先生は「これこれ娘さんや、お客さんに差し上げるような大切なものは、手でつまんだりしてはいけません——お箸を使いなさい、お箸を」と注意した。と、あれこれあったが、娘さんは客を適切にもてなし、先生もほっとした。客の帰ったあと、先生が小用のため便所に行くと、朝顔型の便器の傍らに、袋入りの割り箸が一膳おかれていた。

見事な落ちである。因みに当時の日本家屋の便所は〝大〟と〝小〟とに別れており、後者にはいわゆる朝顔型の便器だけがポツンと備えてあるのが普通だった。もしもそこに余計なものが置かれていたりすると、現在のわれわれが感じる以上の意外感を覚えたはずである。それにしても、礼儀正しくやるには道具を用いねばならぬとすると、〝男はつらいよ〟ではある。

その二に移ろう。今度はソ連旅行のお土産話である。一九六五年八月三十日から十月三日まで、〝学術機関等の視察のため〟十名の偉い先生方の団長としてソ連（当時）へ出張した。そのときの帰朝報告を教育大の研究室でやって貰った。こういう全く気のおけない相手を前にしての話は、とくに多くの冗談が入り、筆者の聞いた朝永講演の中でも最高に面白いものであった。一時間余りの間、終始笑い転げていた記憶がある。

なお同じ帰朝報告は〝科学と技術の広場〟（松井氏の世話で年に五、六回程度、新宿の仕事部屋で実施）でも行われたが、ここではいささか畏まっており、話の内容も大分異なっている（これは『朝永振一郎著作集』12に所収）。紙幅の都合上、以下ではとくに物理屋にとって興味深い言葉の幾つかを引用するに止める。

先方で付けてくれた通訳はロシヤ語と日本語は知っているが、物理のことは何も分らないので、その説明は不十分であり、結局自分で視たものから察するほかはなかった。何分にも訪ソの目的は視察でしたからね。

グルジア（ジョージア）やアルメニア共和国に行きますとね、モスクワなどよりずっと明るく、やはり南の国に来たという感じでしたね。

とくにグルジアではブドウがよくできて、〝ブドウ研究所〟というのに案内されました。ブドウ酒も作っていて、説明よりまず飲んでみよと、コップに入れて次々と出してくれる。はじめのうち、それを一杯ずつ飲んでいたが、そのうちにそれは利き酒のためだと分った。が時すでに遅しで、大分いい気分になっていた。ひととおり終ったあとワインリストを示され、この中でどれが一番おいしかったですか、それを昼食につけましょうという。しかし、こちらはもちろん、どれがどれだったかなど覚えてはいない。しかしリストの中に〝アリガテー〟に似た発音のものがあったので、それにしてもらった。

次はアルメニア共和国の学士院を訪れた時の同国学士院長との会話。

(院)「アルメニア人の名前にはミコヤ(ア)ンとかハチャトリアンのように、アンで終わるものが多くあります」。

(朝)「以前テル マルティロシアンという人の論文を読んだことがありますが、この人もアルメニア人でしょうか」。

(院)「もちろん、そうです」。

(朝)「ではラグランジアンやハミルトニアンはいかがでしょうか[1]」。

――このとき院長少しもあわてず――

(院)「有名なマセマティシャ(ア)ン(数学者)は皆アルメニア人です[2]」。

シベリアの研究都市ノボシビルスクにも行きました。ここはウラルの向こう側ではやらないことだけをやるのだそうです。〝高エネルギー研究所〟では電子と(陽)電子を正面衝突させる実験(コライディング ビーム)を企てていました。そこの所長さんの名前はブツケル(Budker)でしたが。

朝永諧謔性は、右のような閑談に遺憾なく発揮されたと筆者は考えている。帰国後まもなくの十月二十一日、朝永はストックホルムからノーベル物理学賞授与の電話を受ける。右はそのような超多忙の中での閑談であった。正しくゆとりである。

注1) 力学理論ではラグランジュやハミルトンの導入した関数のことを、それぞれラグランジアン、ハミルトニアンと略称する習慣がある。

2) この最後の問答は、どうも（朝）の創作ではないか、と筆者は疑っているのだが。

（二〇一九）

ワーグナーとアインシュタイン

されば若者よ、ここでは時間が空間となるのだ

R・ワーグナー

音楽《ムジーク》と物理学《フィジーク》における、それぞれの巨人——いな超人か——を並列して、これは一体何ごとだ、月とスッポンの類いかと訝る向きもあろうかと思うので、取りあえずその釈明から始めたい。まずはワーグナーから。通常、歌劇というと、台本と作曲はそれぞれ別の人が行うが、ワーグナーは彼の楽劇において両方を一人でやってのけた。よく比肩されるヴェルディとは、この点で大違いである。また当時、さる婦人が「ワーグナーは気の毒な人、せめて作曲くらいは他の人にやって貰えたらよいのに」と言ったとか。

ではアインシュタインの場合はどうか。周知のように、二十世紀のフィジークには二つの大革命があった。相対論と量子論の出現である。量子論革命は、その成就に少なくとも七、八名

の協力を要したのに対し、相対論革命（〝特殊〟、および〝一般相対性理論〟の提出）〟は、アインシュタインただ一人によって成し遂げられた。この単独性が、まず挙げるべき共通点である。

問題の第二点は、本文エピグラフのように時間とか空間とかが持ち出されると、物理屋の性として、カントやゲーテを跳び越してまずアインシュタインの名が想起される。時間・空間概念に根本的な変革をもたらした物理学者だからである。とくに相対性理論における時間は、ニュートンにおけるような万人に共通な、絶対的なものではなく、時計の置かれた物理的状況や、それを観る観測者の相対的な運動に依存する、とされている。従って冒頭のワーグナーの言葉を、アインシュタインなら、どのように解するであろうか。さらに何かを付言するであろうか。等々の疑問が自ずと生じて来る。

こうして両超人が、筆者の眼前に並列することとなる。

そこで話をムジークから始めよう。エピグラフの言葉は、ワーグナーの楽劇「パルジファル」の第一幕で現れる。物語の中心は、中世スペインのモンサルヴァート国にあった〝聖杯城〟である。〝聖杯〟とはキリストの最期、彼の血を受けた杯のことである。この城はまた、そのとき用いられた〝聖槍〟をも所有していたが、仇敵に奪われてしまった。ために聖杯に伴う数々の儀式も滞るようになり、聖杯城からは、かつての栄光は失われてしまった。城を護る

〝聖杯の騎士〟たちの使命は、それ故、聖槍を取り戻し、以前の栄光を恢復することにある。その使命を果してくれるのが〝けがれなき愚か者〟との天の声があった。

ある日、城を囲む深い森へ、一人の若者が紛れ込んで来る。どこかの森の中で生れ、獣を遊び相手にして育ったため、自分の名前すら知らない。しかし周囲の状況から、その名が〝パルジファル〟であることが判る。世間擦れしていないのでけがれはないが、世情に無知な点では愚か者である。年老いた騎士グルネマンツは、もしかして彼が救い主となる人かもと直感し、聖杯城のことを綿々と講釈して聞かせ、聖杯の儀式にも立ち会わせる。しかし彼は全く何も理解できない。怒ったグルネマンツは「お前こそ本当の愚か者だ」として、城から追放する。天上からは、「救うのはけがれなき愚か者」の声が流れるが、グルネマンツは気付かない。こうして延々二時間弱にも及ぶ第一幕は終る。

右に述べたグルネマンツの講釈の中に、エピグラフの言葉が含まれている。その前後の音楽も転調を重ね、主導動機が交錯し…、いかに多くの出来事が次々と継起し、かつ継起するであろうかを窺わせる。照明の変化も同様な効果を与える。

問題の〝時間が空間となる〟とは、こうした時間的継起の停止であり、過去・現在・未来の総体が空間に局所化し具象化する、との謂であろう。これをパルジファル劇の場合について敷衍すれば、時間的経過のうち、過去に起った出来事が宿命を、現在および未来になすべき事柄が使命を、それぞれ、聖杯城という空間に屯《たむろ》する騎士たちの上に課している、となる。

畢竟するに、一見不可思議にも思える件の台詞も、極めて異常で緊迫した状況に対する一種の詩的表現だったのである。

次にフィジーク、つまりはアインシュタインの世界に移ろう。彼の相対性理論においては、時間と空間とを併せた四次元〝時空〟が物理現象の舞台となる。時間と空間が一括して取り扱われるのだが、両者は完全に同質ではない。空間では前後・左右・上下に移動したり、ただ一点に静止することもできる。しかし時間の場合には、流れが一方向きであり、かつ一瞬、一瞬を考えることはできるが、特定の一瞬に留まること、すなわち静止は許されない——たとえそれが〝如何に美しかろうとも〟。

以上は一様・平坦・均質なニュートン的時空——これを〝基準時空〟と呼んでおく——のことであるが、一般相対性理論では様相が一変する。この理論はまた重力の理論でもあり、重力の効果は基準時空に生じた歪みとして表現される。例えば、この歪みが振動し、それが空間を光速度で伝播したものが〝重力波〟である。この現象はようやく今世紀に至って検証され、ノーベル賞を受けている。

ここで問題を時間の場合に限定しよう。〝基準時間〟の歪みは、時計の遅速化として現れる。すなわち時計をより強い重力の下に移すと、その時計の進みは遅くなるのである。この現象は、実際、カーナビなどのGPSに取り入れられ、すでに実用化されている。これらのことを念頭におき、次の話題に移る。
ムジークの場合には異常事態が当面の問題の鍵だったので、以下でも異常な天体〝ブラックホール〟を採り上げてみよう。いくつかの銀河系の中心にはこの種の天体が存在するとされている。もしこの天体が完全にブラックだとすると、光さえ強い重力のために引き戻され、外部には出て来られなくなる。勿論、他の物質粒子についても同様である。別言すれば、天体の内部からは何らの情報も得られないこととなり、その内部は人間の認識の及ばない不可知領域となる。因みに、この天体の表面は〝地平〟と呼ばれているが、これは人間の認識の及ぶ地平線だとも考えられる。

いま一つの時計が、ブラックホールに接近して行くと仮定しよう。現実的にはこういう実験は不可能であろうが、理論的には何を考えてもよい――いわゆる思考実験である。先にも述べた理由で、徐々に増大する重力のために時計の進み方は遅くなってゆき、地平に達した極限では時計は全く停止してしまう。つまりは時間の静止である。

しかし静止とは、先述のように、空間と時間を識別する、空間の特質であった。この結果はそれ故、時間が極限において空間的になったことを意味し、正しくエピグラフの主旨と整合する。アインシュタインも、ここでは果してワーグナーに同意するであろうか。

それはともあれ、フィジークにおいても、先のムジークの場合と同様に、エピグラフが意味をもつのは、認識の地平線上という、極めて異常な状況においてであった。

ムジークにおける筆者は、いわゆるワーグネリアンであった。楽劇の上演があれば万難を排して観にゆき、バイロイト音楽祭にも足繁く通った。しかしワーグナーを堪能し得るためには、強靱な精神力は勿論のこと、相当な体力も必要なようである。この点で残念ながら、老人向きとは言えないように思う。

他方、フィジークにおいては、自らを研究者というよりは、むしろ鑑賞者ではなかったか、と近頃は感じている。アインシュタインを始めとして、ボーアやハイゼンベルクと言った超人たちの創った物理理論を、学びそして楽しんで来ただけのように思うからである。ちょうど名匠の手になる焼き物の、ザラザラした底面の感触をいとしみめでるように、である。

このような両面をもった筆者であるので、小文冒頭のエピグラフは、長年にわたって自らの心中に絶えず起伏していた言葉であった。しかし老境に至り、ようやくそれについて短評することができた。と言うのもここでのテーマは、本来、長大な論考を要する類いのものであり、右に認《したた》めたのは、たんにその摘要程度に過ぎないからである。文中かなりの牽強付会があったかと思うが、ご容赦のほどを願いたい。

付記

もうかなり以前のことになるが、バイロイト音楽祭の資料《プログラムヘーフト》に、件のエピグラフを特殊相対性理論と結びつけた長大な論文があった。当該理論は屢々空間座標は実数で、時間座標は虚数でもって定式化されるが、その〝実〟と〝虚〟にある種の意味をもたせようとした議論であった。しかし実と虚は便宜上の名称に過ぎず、理論を実数だけで定式化することもまた可能である。それ故、エピグラフを物理学と関連させようと思うなら、本文で試みたように、特殊ではなく、一般相対性理論の方が適切であると思われる。

（二〇一九）

英雄の生涯

このような表題を掲げると、あるいはリヒャルト シュトラウスの交響詩（Ein Heldenleben）のことかと即断される向きもあろうかと思うが、実は表題を拝借しただけである。どうしたことか、このことについて書くにはこの表題に限ると、ずっと以前から思い込んでいたのであった――本文執筆はようやくこれからなのだが。

通常、Held（独）は英語の hero と同じく、ごく限られた事柄の主人公を意味することもあるが、小文での英雄とは、その本義で、生涯を通じて偉大であり続けた人物の意と解されたい。具体的には、私の専攻分野（理論物理学）における二人の巨人W・ハイゼンベルク（一九〇一―七六）と湯川秀樹（一九〇七―八一）について語りたいのである。この二人は、それぞれ、二十三歳および二十八歳のときの業績によってノーベル物理学賞を単独授与され、それ以後も学会のみか一般社会に対しても大きな影響力をもち続けた。ために科学者としての、およそ考え得る総ての栄誉を享受し尽くしたこともあり、名実ともに英雄だったと言える。

しかし、その輝かしい人生の後年に、それ迄は経験したことのないような、異常な（とここでは形容しておく）事態に直面する。この件については、世上、あまり語られることがないようなので、それぞれの場合の目撃者としての証言を、ここに認めておきたいと思った次第である。

物理理論も、他の科学におけると同様に、確実な基礎の上に、少しずつ新しい知見を積み重ねてゆくことにより成長する。新しい理論的予想は、その都度、実験によって検証されねばならず、新しい実験が出れば、それに対する理論的説明が求められ、理論と実験が両々相俟って進展する。このように、理論を基礎から積み上げてゆく方式を〝上昇的〟と呼ぶことにしよう。

これに反して逆に〝下降的〟という方式も考えられる。既存の理論体系を遥かに越える高所に原理的な仮説を措定し、そこから下降して諸々の物理法則を演繹しようと試みる遣り方である。仮説の措定は、結局、直観とか類推などに頼る他はなく、客観性・必然性を欠き失敗する場合が多い。

ハイゼンベルクも湯川も、研究経歴の前半は上昇的で確実な成果を挙げた。しかし後半に至って下降的に転ずる。前半での大きな成功に支えられた自信がそうさせたのか、極めて高所に大胆な仮説を措定した。よく言えば、それは甚だ高邁な理論的立場だったであろうが、その時点での実験的検証は望み薄であり、非現実的とか時期尚早といった批判を招きかねない。成功すれば正しく大理論となろうが、その可能性は小さい。こうして両者の研究は、残念ながら、未完のままに終った。

実を言うとアインシュタインも同様であった。重力場と電磁場の統一という遠大な目標を掲げて、晩年の三十年を浪費した。まこと、この類いの傾向は物理の英雄たちの辿るべき宿命なのかもしれない。

ハイゼンベルクが、いわゆる〝素粒子の一元論的場の理論〟の構想を得たのは、一九五七年夏のバドヴァ会議以後だったらしい。新種の素粒子が次々と発見され始めた頃に当る。一元的な単一の場（あるいは方程式）から出発して、素粒子物理の総てを導出しようという大構想である。私はこのことを最初新聞で知ったから、彼が記者会見を開いて発表したかと思われる。その折、基礎的方程式に対して普遍的《ユニヴァーサル》という形容詞でも用いたのか、日本では誤って〝宇宙方程式〟として喧伝されたようである。

N・ボーアにおけると同様に、ハイゼンベルクも何か新しいアイディアがあると、まず賢者でかつ親友のW・パウリに相談し、彼の裁定を仰ぐのが通例であった。この理論に対してもパウリは、興味深い試みであるから研究を続けるようにと激励してくれたという。しかしその後パウリ自身も、とくに基礎方程式の内蔵する対称性の観点から興味を抱き、熱狂的に研究を開始する。

当時私はコペンハーゲンの〝ニールス ボーア研究所〟に居たが、「両者の共同研究が始まり、共著のプレプリントも出回っているらしい。間もなく、第二のハイゼンベルク・パウリ論文が現れるのでは」と噂されていたことである（〝場の量子論〟を確立した古典的共著論文が両者にはある）。

しかしパウリの研究もさして順調ではなかったようで、翌一九五八年三月八日、ボーア研究所の掲示板に次のようなボーア宛の手紙が張り出された。ハイゼンベルクの宣伝を皮肉って、やや横長の矩形を描き、「この（絵のない）額縁の中に私はティツィアンのように何でも描けます。技術的な中身はまだ何もありませんが」と。

両者の共同研究の興奮状態は、しかし、パウリの三カ月に及ぶ訪米によって中断される。その行先がプラグマティズムの国であることに、ハイゼンベルクは不安を覚えた。そして次に二人が再会したのが一九五八年七月一日、ジュネーヴのＣＥＲＮ（欧州共同原子核研究機構）における〝高エネルギー物理国際会議〟の席上であった。

この日午後の最初のセッション〝基本的な理論的アイディア〟の座長はパウリ。辛辣をもって鳴る彼らしく「べつに新しいアイディアは何もないようですが、とにかく開会します」との前置きで始まった。最初の講演者は湯川だったが、これはまあ無難に終った。しかし第二の講演者ハイゼンベルクとなると、俄然座長が興奮して来た。渡米前のハイゼンベルクの憂慮が現実となり、三カ月前とは正反対の立場をとったのである。

ハイゼンベルクが理論的問題点の処理法を懸命に説明しようとするのに対し、座長は「そういう試みは数学的に正しくない」の一点張り、講演者を差し措き自分が立ち上がって話し出す。しかもその言葉は徐々に激しいものとなり、物理の会議では耳にしたことのないような罵詈雑言の限りを尽くす。果ては、弁明しようとするハイゼンベルクからマイクをもぎ取って大声で喚く。あの英雄ハイゼンベルクが、一瞬、惨めにも見え、目を逸らしたくなる程であった。

　ハイゼンベルクとは学生時代からの親友であり、しかも三カ月前まではこの問題を一緒に研究していたパウリが、事もあろうに素粒子論の著名な研究者たちが居並ぶ場所で、何故このような暴挙に出たのか。恐らくハイゼンベルクにとっても、彼の研究が全面的に否定されるようなことは初めての経験ではなかったろうか。先に使用を控えた形容詞を敢えてここで用いるならば、これは正しく悲劇的な状況であった。

　後年、K・ブロイラー教授（ボン大学）が、その理由を次のように説明してくれた――「恐らくパウリは米国で意気揚々と件の研究について講演したことであろう。しかし米国の若手の俊秀たちから猛反撃を受け、一筋縄ではゆかない仕事だなと考え直したと思われる。そこで、今はもうその理論を信じてはいないということを、会議に来ている俊秀たちに公然とした形で表明したかったのであろう」と。これでは自己の名誉のために友の名誉を犠牲にしたことになるのだが……。

　会議の数週間後、二人はともにイタリーはコモ湖畔のヴァレンナの夏の学校に講師として招かれる。しかしこのときのパウリはハイゼンベルクに対して、再び友好的だったという(ハイゼンベルク自伝『部分と全体』山崎和夫訳、みすず書房、一九七四年、新装一九九九年)。テラスから湖を見下ろしながらパウリは静かに告げた――「あなたは例の研究をさらに続けてゆくべきでしょう。私はしかし、もう力になってはは上げられないが」と。同行していたハイゼンベルク夫人は、パウリが重い病気に罹っていると直覚した。

同年十二月十五日パウリ死去。病因は膵臓癌、行年五十八。正しく二十世紀の物理を牽引した存在であった。

長年ハイゼンベルクの許で共同研究をしていた山崎(和夫)氏は訃報に接したハイゼンベルクの姿を次のように描写している――「十年以上もハイゼンベルクとともに過したが、平素は楽観的な彼がこれ程までに意気消沈した姿は見たことがない」と。莫逆の友とはこのような交わりを指すのであろうか。

次に湯川の場合に移ろう。一九二九年、湯川と朝永(振一郎)が京大を卒業して研究生活に入ったときに、わが国の素粒子論は呱々の声をあげた。四年後には同じく京大卒の坂田(昌一)もこれに加わる。この分野の最初の業績がノーベル賞の湯川中間子論だったことになり、まことに華々しい門出であった。

一九三二年に中性子が発見され、原子核が陽子と中性子、つまり核子から成るとする説が確立されると、世界の研究者たちは一斉に核子間の力、すなわち核力の数学的表式の研究に集中した。これに反し湯川は、力の物理的本性は何かを問い、核力が中間子という素粒子の交換に因るとの見解に到達した。明らかにここでの彼は、世界の理論家たちよりも数段高い所にその視点を置いていたと言える。換言すれば、この時点からすでに、彼はたんなる理論物理学者ではなく、むしろ自然哲学者としての片鱗を示していたのであった。

素粒子を語る言語は場の理論であるが、この理論は諸々の困難を抱えていた。朝永や坂田は個々の困難をそれぞれ別個に検討したが、湯川は理論の基礎を根本的に改変することにより、諸困難は一挙に解決されるであろうとした。別言すれば、パラダイムの転換こそ必須だとしたのである。

従来の場の理論では、場は空間の各点で定義されるので、そこから出来する素粒子は（大きさを持たない）点粒子となる。これが諸悪の根源であるとし、湯川は点の代りに微小だが有限の四次元的領域（時空の単位）を採る可能性を追求した。〝マルの話〟（一九四二年）に始まり、〝非局所場〟（一九五〇年）そして晩年の〝素領域〟（発想は一九六四年、最初の論文は一九六六年）へと続く。しかしこの挑戦も遂に実らなかった。因みに彼は晩年、「私の研究の窮極的な目的は新しいパラダイムを確立することにあり、中間子論はその道程における一つの、五年くらいで片付く仕事だと考えていた」と述懐している。

準備はこれくらいにして、湯川の場合の異常な出来事に移ろう。時は一九六七年八月二十八日、所は米国NY州のロチェスター大学、そこで〝場と粒子についての国際会議〟が開かれていた。その二年前に京都であった中間子論三十周年記念の国際会議のお返しだったのか、日本人が多く招かれていた。同日午後のセッション〝場の理論の新しいアプローチ〟の座長は湯川であり、会場前方の右隅に机を斜めに置いて席について居た。

講演が進み、湯川が研究協力者Kとの共著論文〝素粒子の時空的描像〟発表のため、Kの名前を呼び上げた。すると異変が起きた。聴衆の数十人が一斉に退出したのである。——席に残って居たのは日本人とその他年輩の人たち。しかも湯川は座長席で聴衆をほぼ前面にしているので、この情景をつぶさに見届けた筈である。

確かに彼の研究は、われわれが平素使い慣れている基礎的概念について、その理解を深め反省を促す契機とはなろう。しかし現場の研究者の今日・明日の研究に直接役立つような類いのものではなく、プラグマティックな人々の興味を惹くものではなかった。

とは言うものの、こうあからさまに自らの研究が無視されるのは、研究者として堪え難いことである。私たちでもそうであるから、況んやノーベル賞学者においておやである。湯川にとってこの出来事は、それ故、ハイゼンベルクの場合と同じく、全く悲劇的だったろうと忖度する——後者では動的に、前者では静的に、ことは起ったという相違はあるが。ともに英雄なるが故に、より悲劇的となったのである。

湯川の自伝は『旅人』（朝日新聞社、一九五八年、角川ソフィア文庫、二〇一一年）と題されているが、正しく彼は終生の旅人であった。その前半生は花咲き鳥歌う野辺を行く春の旅であった。しかし後半生は、一転、孤独で風雪厳しい山道を登る冬の旅と化した。それでもなお、山のあなたには自らの理想が実現すると信じて歩み続けた。こうした彼の生き様《よう》に、この上ない美を見るのは、恐らく私だけではないであろう。

ジュネーヴ会議の議事録を見ると、ハイゼンベルクの項には、〝講演後の討論の一部は発言そのままではなく、後日ハイゼンベルクの提出した原稿に依っている〟との但し書きが付いてはいる。しかし、そこからは一《ひと》騒動のあったことを窺うことはできない。ハイゼンベルクの自伝における記述も形式的・間接的で具体性を欠く。他方、ロチェスター会議議事録の該当箇所は、ただ坦々として事もなげである。従って総ては忘れ去られるのみとなる。

このように一次資料に完全な記述がないとすると、後世の科学史家もことの真相を知ることは不可能となろう。それを補うべく私が筆を執ったわけであるが、心中ではしかし、次のような想念が絶えず去来していたのである――悲劇的なことは書き残すべきでないのではとか、それぞれの確立されて久しい英雄像を貶めるものではないのか、などなど。にも拘らず私は筆を進めた、真実を伝えることこそ肝要なのだと思い返して。

（二〇二〇）

第III部

巨人の肖像

ニールス ボーア――その志向と思想

ボーアは、本来、哲学者であって物理学者ではなかった。

W・ハイゼンベルク

ボーアの哲学的問題への関心は、当初、物理学の研究からではなく、言語の機能――経験を相互に伝達し合う手段としての――についての一般的・認識論的な考察から始まった。……いかにして曖昧さを避けるのか、が彼をつねに悩ませた問題であった。

L・ローゼンフェルト

(一)言葉の問題

「言葉」は、ボーア終生のテーマであった。情報を正確に伝えることの重要性は、いまさら言立てするまでもなかろうが、とくに精密自然科学の研究においては、これが本質的な要請となる。ボーアの問題点はまさにそこにあった。

日本語であれ外国語であれ、辞書を開いてみて先ず気付くことの一つに、日常よく用いられる単語ほど、多くの意味をもっている——多義性——ということがある。私たちがたかだか数万個程度（広辞苑の収録項目数は約二十五万とか）の語句を用いながら、殆ど無限とも言えるほどに多種多様な状況について語り得るのは、まさにこの多義性のお蔭であろう。しかしそれは、諸刃の剣である。多義性はしばしば曖昧さの原因ともなるからである。

さて、いくつかの一義的または多義的な単語を連ねて一つの句を作るとき、意味のいろいろな組み合わせが可能となり、句としての多義性も新たに生じてくる。例えば三個の単語をA、B、Cとし、Aは三とおり、Bは四とおり、Cは五とおりの異なった意味をもつとしよう。このとき、句「ABC」に対しては六十とおり（60＝3×4×5）の意味の組み合わせができ上がる。しかしながら、これらの大部分は句として意味をなさぬとの理由で捨て去られ、最終的にはただ一つの意味だけが生き残る、というふうにしたい。

広辞苑によると、「みち」には九とおりの意味がある。しかし常識からして、「犬の歩いた道」ではただ一とおりの、そして「芭蕉の歩いた道」では、さしずめ、二とおりの意味が生き残るであろう。ただし、犬は犬でも「忠犬ハチ公」や「盲導犬クイール」クラスともなると、ことは微妙になる。

句の多義性には、しかし、さらなる事情がある。一義的な単語ばかりで作った句が、必ずしも一義的とはならないからである。例えば「美しい（あいまいな）日本の私」。ここでは先行の形容詞が後続の二つの名詞にどのように懸かるのか――いずれか一方か、それとも両方なのか――に応じて少なくとも三とおりの意味が考えられる。因みにここで、もし、助詞「の」を「と」で置き換えるならば、句としての曖昧さは減少しよう。しかし「美しい姉と妹」となると、話はもとに戻る。もっとも、こうした事情は、あいまいな「日本語」に固有の現象なのかもしれないが。

　句から文、文から文章へと移行する際にも、一般に同種の現象が起るであろう。もちろん、そのいずれの段階においても、当の表現が一義的になることが望ましい。最終的に一義的な表現は明晰であり、多義的なものは曖昧となる。とくに科学論文について言うならば、文学的修辞などはご法度であり、曖昧さはときに致命傷となる。

　さて先に、いくつかの意味の可能性の中からただ一つを選び出そうとするとき、最終的な意味のある・なしが判断の基準になるとしたが、それでは何をもとに意味ありとするのか、が問題となる。思うにこれは、結局のところ、常識や経験――文章の作者と読者に共通な――に頼る以外に方法はないのではなかろうか。しかし、ボーアのように、前人未到の領域に一人で踏み込んでゆく場合、そこには既成の常識や経験は、原理的に言って、まったくない。彼がもっとも悩んだのは、おそらくこの点にあったろうと考えられる。

学生時代、数学の講義で「リーマン面」について教わったとき、ボーアはハッとした。ここに問題解決の糸口があるのでは、と感じたからしい。単語における多義性と同様に、関数にも多価関数（一つの変数値に対して多くの関数値をもつ）というものがあり、その多価性を避けるための技法がリーマン面である。ボーアがリーマン面を具体的にどのように応用しようとしたのかは、いっさい分っていない。しかしおそらく、次のようなことが念頭にあったのではなかろうか。

多義の単語に対して添字a（リーマン面に相当）を付け、これによってその意味を区別するのである。例えば前出の単語Aの場合には、一番目、二番目、三番目の意味に応じて、Aの代りにA_1、A_2、A_3と書く。このとき各A_aは、もちろん一義的である。要するに意味の数だけ単語を増やすのである。この処法は、しかしながら、句や文や文章の多義性に対しては用をなさない。たとえ、それらにも同様に添字を付けたとしても、その作業は限りなく続き、出来する言語は繁雑すぎて、とうてい実用にはならないからである。

といった次第で、ボーアの考えもさして有効なものではなかったようである。それでは、いったいどうするのか。これまでのことはすっかりご破算にして、原点に戻る以外に手はないのではなかろうか。つまり、単語A、B、C、……を適当に選び、句や文や文章が、それぞれの段階でなるべく多義的にならないように、極力努めることである。そして、実際、これがボーアの選んだ道であった。

ニールス ボーア（Niels Bohr Archive 提供）

彼は文章を書くとき、つねに口述筆記をさせた。それも後年、偉くなってからだけのことではない。子供のころ、国語や習字が苦手だったのが、どうやらことの起りらしい。大学の卒業論文や学位論文も、家族の手を借りねばならなかった。後年に筆記をした人たちの語る、面白い逸話が数多く残されている。例えば——

ボーアは手を後ろに組み、部屋の中を往き来しながら口述する。しかし、次の言葉がなかなか出てこない。一語を見出すのに一時間、二時間とかかることも珍しくない。一語一語を、まさに呻きながら絞り出すのである。その間筆記者は、ただ、ひたすらに待つのみである。ローゼンタールの語るところによれば、あるとき、夕方になっても求める一語が見付からず。「一晩寝かせておきましょう」ということになった。翌朝、彼が研究所の廊下でボーアに会ったとき、満面に喜びをたたえてボーアの言うには、「やっと見つかったよ。その言葉は『しかしながら』、それを文頭に置けばよかったのだ」と。

このようにしていちおうの原稿ができ上がると、「さあさっそく訂正だ」ということになる。何しろボーアにとって、「原稿とは訂正のためのもの」なのである。そして校正刷が来れば、さらなる訂正が始まる。そこには、ときに徹底的に朱が入れられて、まったく別の論文かと思うほどに変貌してしまう。観測問題に関する有名なボーア・ローゼンフェルト論文の場合には、校正がなんと一年がかりで十四回にも及んだという。もっともこうしたことは、ボーア大先生だからこそ許されたのであろうが。

研究結果を論文にまとめる作業を、ボーア研究所がいかに重要視するかについては、私自身も経験がある。例えば、私が「デンマーク学士院紀要」に提出した論文の場合のこと。先ず、私の書いた英語は、担当秘書のヘルマン夫人によって徹底的に直された。それもけっしてお座なりのものではない。「この式はハイゼンベルクの不確定性関係ほどに、よく知られたものなのか」とか、「幽霊状態とは、ただ一種だけ存在するのか」というふうに、物理的な内容にまで踏み込んだ上での訂正なのである。

さらに校正刷が来れば、そのたびごとに、ヘルマン夫人と二人で机に向い、私が前もって手を入れておいたものを、一緒になって一行一行調べて行くのである。あるとき、こうした共同作業の翌日になって、さらに訂正したいところが見つかった。さっそく私は彼女のところに赴き、おそるおそるそのことを告げた。しかし、予想に反して彼女はにこにこしながら、「校正は訂正のためのもの、再訂正はいつでも大歓迎」と応じたのであった。まさに余裕である。なお紀要の場合、著者校正は四回まで許されると言われたが、私は三回で終りとした。

さてボーア論文は、先述のように、苦労に苦労を重ねた上での成果であるのに、それに対する世評ははなはだ芳しくない。先ずアインシュタインの言うには——とくに晩年のボーアについて——「考えるときは明晰だが、いざ書くとなると茫漠としてくる」と。わが国でも、例えば科学史家の広重徹氏は、論文の読みにくさを現象的に分析して、次のように述べている（岩波講座『現代物理学の基礎』第二版月報№1）。(イ)きわめて晦渋である、(ロ)なんどもなんども同じ（とみえる）ことが少しずつ言い方を変えて繰り返し述べられる、(ハ)始めに言ったことと後で言うことが矛盾していたり、無関係であったりするようにさえみえる」と。

確かにボーアにとって、自らの考えを他に伝えるための最良の手段は、数人の身近な人たちとの会話であって、けっして論文を通じてではなかった。従って彼の論文のもつ形式的な欠陥――広重氏の指摘する三点――も、彼の性向からして致し方なかったのではなかろうか。

先ず(イ)については、私も同感である。第一に文章が長い。しかしこれについては、彼にも言い訳がある。すなわち、「個々の言明が成立するための前提条件は、そのつど明確にしておかねばならず、ために挿入句が多くなる」と。

そしてその第二は、彼の用語の選択から来る。彼が一語一語の選択、さらには文章の彫琢に多大の時間をかけたことは、すでに述べた。このことの理由は、おそらく、彼の表現しようとする対象が、一般に、極めて微妙で特殊で限定的なものだったからであろう。対象がそうした性質をより強くもてばもつほど、それを的確に表現する言葉を見出すことはいよいよ困難となり、ひいては、彼の選んだ言葉の真意を第三者が推測することもまた、いよいよ困難となるであろう。おそらくボーアの言葉を正しく理解するためには、彼のたどったと同じ試行錯誤・紆余曲折を、同じ時間をかけて追体験する必要があるのではなかろうか。要するに一般の人々にとっては、晦渋たらざるを得ないのである。

(ロ)、(ハ)の点については、ボーアの側近にいた人たちによる、次の言葉がヒントを与える。

「講義の際、私などはつねに、前もって説明しておいたことを話すのに対し、ニールスはこれから説明しようとすること（の結果）までをも話してしまう」——弟の数学者ハラルド。「ボーアが原子構造の理論を提出したとき、その理論をもっとも深く疑っていたのは、他ならぬボーア自身であった」——ハイゼンベルク。「自らが得た結果について説明するときにもボーアは、つねに、その結果の先に何があるかについて、より多くを語るのであった」——ローゼンタール。

おそらく物を書く、すなわち——彼においては——口述する場合にも、事情は同じであったろう。すでに得られた結果は、彼にとって、次の研究への出発点であるに過ぎず、その関心はたえず先へ先へと向かっていた。そのため、文章を書き進むにつれて、つまり、時間が経過するにつれても、彼の考えは次々と進化——少なくとも変化——して行ったはずである。先の言明を後になって、疑ったり否定したりすることも、十分に起こり得る。従って広重氏の指摘する(ロ)、(ハ)も、実は独特のボーア現象に他ならなかったと言える。

よく対比されるアインシュタインの場合、その論文は極めて明快で理解し易い。それは彼の論文が、ある前提の下で得られた結果を、その範囲内で総括する言わば閉包型だったからである。これに反してボーアの論文は、結果よりも展望に重きを置く開放型の性格をもつ。そして展望は、往々にして不確実性を含み、主観的にもならざるを得ない。おそらくこのことが、人々に、ボーアの論文は捉え難いとの印象を与えるのではなかろうか。これを要するに、アインシュタインの論文は静的であり、ボーアの論文は動的だったのである。

他人に分かり易く書くよりも、自らの考えを正しく書くことのほうが、ボーアにおいては優先したと思われる。

(二) 相補性

「相補性」は、ボーア哲学の中心概念である。これまでも随所でこの語に触れてきたが、以下では多少立ち入って考察してみたい。先ず、相補性とは——

ある事柄の全体的な把握は、互いにあい対立し排他的でもあるような諸概念を併用することによって、初めて可能となる、とする考え方である。こうした諸概念は「互いに相補的である」と言われ、その中の一つの概念に対する成立条件をより厳しくすれば、他の諸概念に対する成立条件はより緩やかにせねばならない。従って、一つの概念が厳密に成立するような状況においては、他の諸概念は殆ど、あるいは完全に、その意味を失うこととなる。

周知のように、相補性の日本人向けの説明として、ボーアはしばしば富士山をもち出した。一九三七年のボーア訪日に同行した次男のハンス ボーアは、次のような情景を回想している。

五月十日には京大で「量子力学における観測と相補性」について講演、その後歓迎晩餐会が開かれた。総長は海外出張のためホーストは松山基範理学部長（「松山ピリオド」で知られる地球物理学者）が代行し、次のように挨拶した――「富士の姿を実際に目のあたりにしますと、それまで言葉で聞かされていた以上に、すばらしい山であることが実感されます。それと同様に、本日ここにボーア先生にお目にかかりましたところ、これまでなんども伺っておりましたよりも、遥かにすばらしいお方であることが分かりました」と。

　これに応えてボーアの曰く（ハンス日記を考慮するとこのようだったと想像される）――「日本を訪れ、実際に富士の姿に接しまして、深い感銘をうけております。いろいろな光の下で、いろいろな方向から眺めますと、それに応じて富士は様々な姿を示します。しかし、そのうちのどれか一つだけが富士の本当の姿だとは、けっして言えません。様々な姿を綜合して、初めて富士の最終的イメージができ上がります。北斎はですから、この山の姿を伝えるために、三十六枚の絵を必要としたのです」と。富士の種々相こそ、まさに相補的だと言うのである。

　一九二七年初頭にボーアが相補性の考えに到達したのは、「物質の二重性」に関する問題の解決策としてであった。物質粒子（例えば電子）は――周囲の状況に応じてもちろん粒子として振舞う（粒子性）こともあれば、波動として振舞う（波動性）こともある。これが物質の二重性である。両性質はともに厳然たる物理的事実であり、斉しく容認されねばならない。古典物理学的に見れば、両者は互いに排他的な現象であるにも拘わらず、である。

　そこでボーアは次のように考えた。粒子性と波動性とは互いに相補的であり、量子力学における物質は、この両性質をともに可能性として秘めた存在である。そして、そのいずれが現実として顕在化するのかは、観測者（人間）が物質をどのように見るか、すなわち、どのような観測装置を用いて観測するのか、に懸かっている、とする。言い換えれば、物理的な現象――現実――とは、物質と観測者との関わり合いの結果であり、物質そのものの既定の性質ではない。この場合、不適切な関わり方をすれば、もちろん、物質は有意な結果を示さず、ここに物理学者の才覚が求められる。

このようにしてボーアは、可能性と現実性とを区別することによって、二重性を矛盾なく統一したのであった。つまりこれは揚棄である。有名なハイゼンベルクの「不確定性関係」も、相補的関係の特殊な場合となる。これがボーア言うところの「量子力学の認識論的意味」であり、量子力学に対する「コペンハーゲン解釈」――ときに「正統的解釈」とも呼ばれる――の基礎となった。因みに「解釈」とは、数学的理論に物理的な意味を与えることであり、これなくしての理論は、たんなる数式の羅列に終る。

ボーア以前の物理学は、物それ自体の探求をこととしてきたが、コペンハーゲン解釈を契機として、物とその観測者との相互関係の探求へと向かうこととなった。まさにコペルニクス的転回である。

先にボーアが、一つ一つの単語を見出すのに多大の時間を費やし、しかもその結果が第三者に晦渋・難解の印象を与えたと述べた。このことも、実を言えば、相補性の帰結なのであった。用語の意味の厳密化と、その適用範囲の広さとは、互いに相補的な関係にあるからである。

「相補性の提唱者であるボーアが、どうして何人にも明晰な文章を書き得たであろうか」（A・パイス）。

相補性はこのように、物理学以外の分野にも広く応用される。ここにボーア晩年の最大関心事があった。例えば、主観と客観、理性と感情、生体的考察と物理・化学的分析は、彼の指摘した哲学、心理学、生物学への応用例である。

「真理に対して相補的なものは何か」との問いに、ボーアは即座に「明晰性」と答えたという。これは重大な発言である。理論物理学者ボーアの発言として、である。なぜならばこの発言は、真理に徹底すれば明晰性が薄れ、逆に、極度の明晰性を求めるならば真理の一部が失われる――ということを意味するからである。今日、すべての理論物理学者たちは、自然法則のもっとも明晰な記述は、数学的理論によって与えられると信じている。ボーアの主張は、従って、数学による記述は、真理の総体を包含し得ない――を意味することとなる。

音階や天体の運動の背後には数がある、としたのはピタゴラスやその学派（前六―四世紀）であったし、かのプラトン（前五―四世紀）も、幾何学的図形（正多面体）が物質の存在様式を決定するとした。下って十七世紀、ガリレイは「自然という巨大な書は、数学の言葉で書かれている」という意味のことを述べている（一六二三年）。このガリレイの思想を具体的に、そして完全な形で遂行してみせたのが、ニュートンの「プリンキピア」こと「自然哲学の数学的諸原理」（一六八七年）である。以来物理学者たちは、もっぱらこのガリレイ・ニュートン・ドクトリンに沿って、物理学を構築してきた。しかし、こうした大勢に対して、ボーアは異議を申し立てているかに見える。

しばしば述べたように、ボーア物理学を推進させる原動力は、数学的な推論ではなく、物理的な直観であった。そして後者は、当然のことながら、数学ではなくて、やはり通常の言語でもって語られる。

ボーアはつねに若い研究者たちに対し、次のように諭していたという。「計算の結果こうなりました、と言うだけでは駄目である。あなたの仕事の意義を、専門外の人——例えば研究所地階の工作室で働いている技工たちにも、彼等に分るような言葉で説明できなくてはならない。それができないうちは、あなた自身が自分の仕事を十分に理解しているとは言えないのだ」と。実際これは、私がボーア研究所にきて、先輩から先ず第一に教わったことであった。

言葉重視の性向は、ボーア自身の論文にも現れていた。理論物理学の論文であるにも拘わらず、数式がまったく出てこないものがあり、とくに晩年にその傾向が強くなったと言われている。物理的な考え方さえ示しておけば、それを数式に直すことは、べつにボーア級の物理学者でなくてもできる、ということもあったろう。いずれにせよ、物理学の議論においてすら、通常の言語はボーアにとって、数学よりも適切かつ有効な手段であったらしい。言い換えるならば、数学はボーア物理語のごく一部だったに過ぎないのである。

シラーの詩句「内面の充溢のみが明澄に至る。そして真理は深淵に住む」(小栗浩訳)を、ボーアは好んで口にしたという。真理の総体は彼にとって、まさしく深淵であった。その浅みは、すでに数学化されて極めて明澄であるが、その深みには、いまだ数学化されぬ不分明が、いよいよ暗く、そして果てしなく連なっていた。まことにこれは相補的な状況であり、その深みへ深みへと沈潜してゆくことに、ボーアにおける研究はあった。

それにしても、物理的な直観とか勘が、自然の構造の先々までをも見通し得るということは、考えてみればまことに不思議である。もっとも、数学者が自然法則などとはまったく無関係に創り上げた数学が、自然の構造の記述に有用であることも、これまた同様に不思議である。

しかしこの点については、少なくとも次のことが言えるかと思う。すなわち、物理学の天才の頭脳も、数学者たちの頭脳も、斉しく物質からできており、これら物質はすべて自然法則に従う。それ故、頭脳の働きや、その成果は、自然法則の一種の表現でなければならない。言い換えるならば、物理学の天才の直観も、数学の体系それ自体も、本来、自然の構造とは整合的であり得るはず、なのである。

言葉、数学、真理——この三者は、相補性を触媒として、互いに強く結び付きあっているように思われる。

㈢覚え書き二、三

一九五八年十月三日、ボーア研究所での二年間の滞在を終えてコペンハーゲンを去る前日、私は研究所長室にボーア先生を訪ねた。秘書のシュルツ夫人に研究所の鍵を返し、彼女からはボーア先生のサイン入り写真を二枚受けとった。これは予めお願いしてあったものだが、サインを終えた先生が、それをどこに置いたか分らなくなった、という一幕もあったらしい。彼女とそんな話をしていると、ボーア先生が奥から現れたので、私は握手を受けながら二年間のお礼を述べた。すると先生は「あなたはこれからロンドン大学に行くそうだが、コペンハーゲンには近いから、またときどき遊びにいらっしゃい」と言われた。

そして、実際、私はそのとおりにした。翌年の夏も翌々年の夏も、ロンドン大学が夏休みに入るやいなやコペンハーゲンに舞い戻り、研究所の一隅に机を一つ貰い、宿も以前と同じパンションに定め、従前どおりに研究所の雰囲気を楽しんだ。とにかくここは居心地がよかったのである。

ボーア先生にお会いしたのは、結局、右に述べたときが最後となった。いただいたサイン入り写真の一枚は、いまも私の書斎に飾ってある。残念ながら、サインのインクは長年の間に殆ど薄れてしまっている。

ボーア先生との関わりについて、もう一つ書き留めておきたいことがある。一九五六年十一月、私は名古屋大学の坂田昌一教授から一通の手紙を受けとった。「名古屋の新聞が、ボーア先生に来春用の年頭所感を書いて貰えないかと言っている。先生にお願いしてみて下さい」というものであった。さっそく私は、秘書のシュルツ夫人にそのことを伝えておいた。

しかし数日後、彼女を通じて次のような断わりの返答があった。「私の言いたいこと（国際間の情報公開の重要性）のすべては、先の国連への公開状（一九五〇年六月九日付）に書いてあり、改めて何も付け加えることはない」と。そしてそれには、日本に送るようにと、公開状のコピーが一部添えてあった。

因みにボーア先生が、核兵器廃絶を訴えた「ラッセル・アインシュタイン声明」（一九五五年七月九日）に参加されなかったのも、似たような理由からである。実際、アインシュタインから勧誘の手紙（一九五五年三月二日付——死の四十七日前）があったにも拘らずである。（四男の）オーエ　ボーアによると、「他人と共同歩調をとると、それぞれに思惑があり、自分のもっとも重要だと思うことが、十分主張できなくなるから」というのが先生の真意であったらしい。

一九六二年十一月十九日朝、インペリアル　カレッジ（ロンドン大学）の研究室にいると、十一時半に講義室に集まるようにとの連絡を受けた。定刻に理論物理の面々が顔を揃えると、教授のアブダス　サラムから「昨十八日ニールス　ボーア教授が亡くなられた」と知らされた。

私はその日の朝刊を読んでなくて、この重大ニュースを知らなかったのである。サラム教授はさらに続けた――「ボーア教授が偉大な物理学者であったことは周知のとおりだが、彼はまた偉大な人間でもあった。温かくて包容力があり、周りにいる人たちを勇気づけ鼓舞せずにはおかない、そういう人であった。これからの若い人たちが、このような大人物にもはや接することができなくなったという、この一事だけに限っても、教授の他界は物理学にとって大きな損失である」と。このあと全員で起立し黙禱を捧げた。

私は同僚のT・キブル氏から英語での弔文の書き方を教わり、マーグレーテ夫人と研究所教授としてのオーエ ボーアに宛てて、それぞれ弔電を送った。行年七十六。

一九八五年十月四―七日、コペンハーゲンにおいて、ニールス ボーア生誕百周年の記念シンポジウムが行われ、私も日本から参加した。会議の主題は「量子力学の回顧と展望」であった。誕生日の十月七日午後には、大学本部の祭典ホールにおいて、マーグレーテ女王はじめ王室の方々も臨席して、記念式典がおごそかに執り行われた。式の折り折りにはデンマークの古い音楽が奏でられ、二人の高弟J・ホイーラーとH・カシミアが、ボーア先生の想い出をしみじみと語った。

なお、マーグレーテ夫人は、その前年暮れに亡くなっている。行年九十四。

思うに二十世紀前半の理論物理学は、まさに英雄の時代であった。そして私たちは、これら英雄の謦咳に接することのできた最後の世代であった――幸いなる巡り合わせと言う他はない。

なお、ニールス ボーアと彼の研究所の詳細については、二〇〇五年『図書』誌に五回にわたって連載した。本文はその一部である。

（二〇〇五）

付記

因みに〝私の二都物語〟第3章（百十八―二十四頁）は連載㈠―㈢回の要約である。

一九六二年のバートランド ラッセル

(一)トラファルガー広場

その日——一九六二年二月二十五日——ロンドンは、朝からずっと小雪が降り続き、おそろしく寒い日曜日となった。数日前の新聞によると、この日の午後二時半より、ラッセル率いる「百人委員会」が、トラファルガー広場《スクウェア》において、不当裁判に対する抗議集会を開き、ラッセル伯自らも出席して演説を行う、ということであった。

因みにこの委員会は、一九六〇年にラッセルを中心にして結成された。それまで彼の属していた「CND」(核軍縮キャンペイン)の活動が、同調者同志間の日常的行事と化してしまったのを批判し、同調者以外にも訴えるべく、時には非合法な行動をも辞さない、とするものであった。

この委員会が、前年の十二月九日、サフォーク州ウェザースフィールドにある米空軍基地において、核兵器の使用反対を唱えてデモを行った。このため幹部五名が件の裁判で、禁錮一年から一年半の判決を受け、当時なお服役中であった。法廷では、ラッセル自身に対して、殆ど発言の機会が与えられず、またアメリカからやって来たライナス ポーリング教授（ノーベル化学賞受賞者で、ラッセル・アインシュタイン宣言の署名者）や、ロバート ワトソン－ワット卿（レーダーの発明者）らが、政府の核政策の危険性を訴えて弁護を試みたが退けられ、その結果、右のような判決となったのである。

英国の哲学者バートランド ラッセル（一八七二―一九七〇）の名前は、一九五五年の「ラッセル・アインシュタイン宣言」以来、原子物理学を専攻する私には、非常に重い意味をもつ存在となっていた。人類の存続と核兵器とが両立し得ないことを説き、後者の不使用を訴えたこの宣言には、ノーベル賞受賞者など十一名の科学者が署名していた。その中に、とくに私の専攻分野の大先達である湯川秀樹先生の名前があったということも、右のことに大いに影響していたかと思う。

英国滞在中に、そのようなラッセルの姿を一目でも見ておきたいものと、私は、大学の研究室の同僚であるチリ人のSとともに、当日は昼過ぎから広場へ出掛けて行った。

ご承知のように、このトラファルガー広場はロンドンの中心部にあり、かのトラファルガー海戦におけるネルソン提督の勝利と戦死とを記念して設けられた。広場の中央には見事な噴水があり、その南よりに「ネルソン カラム」と称する高さ五十一メートルにも及ぶ円柱があって、ネルソン像がその先端に屹立している。カラムの高い台座の四隅には、それぞれ青銅のライオンが外向きに据えられ、ネルソン像を護っている。広場はもちろん、ロンドンの観光名所であるが、他方、大人数の示威行動に恰好の場所ともなっている。

　さて、広場へ向かう私たち二人は、実のところ、もうすぐ九十歳にもなろうかという老人が、このような寒さをおして広場に現れることなど、到底あり得ないのでは、と懸念していた。ところが、私たちの予想に反して、彼は現れたのである。雪と寒風の中を、ネルソン　カラムの台座上におかれたマイクの前に立ち、はっきりとした口調で、演説を始めたのであった——外套は着けていたが、帽子は被っていなかったので、白髪が風に乱れていた。風雪がさらに強まると、後ろに控えていた女優のヴァネッサ　レドグレイヴが歩み出て、自分の傘を彼に差しかけていた光景を、いまでも想い出す。

　天候も、そして集会の性格も、文字どおり厳しい雰囲気の中にあったが、それを和げるかのように、彼の口にした最初の言葉は、「友人諸君《フレンズ》、こんなひどいフォール　アウト（ここでは雪降り）で申訳ない。しかし、これは私の責任ではありません」であった——と、このように当日の私の日記は認めている。

　演説の内容はともかく、このラッセルの行動に、私はひたすら感動した。彼がたんに口舌の徒でないことはよく承知していた。しかし、何という行動力であろうか。老齢の身にとって、このような行動は、文字どおり命がけだった筈である。老いてもなお衰えぬ気魄と執念とが、彼を支えていたのであろうか。

私の目には、カラム下に立つラッセルのほうが、カラムの高みに立つネルソンよりも、遥かに英雄的であるように見えた。戦争のための戦争を戦うよりも、平和のための戦争を戦うほうが、そしてまた、目に見える敵と戦うよりも、目に見えない敵と戦うほうが、遥かに多くの困難を伴い、より強い意志と勇気と忍耐とを必要とするように思えたからである。

演壇となっているカラムの台座を中心に、人々の大きな塊ができていた。そしてその外側を、かなりの人々が、スピーカーを通しての声に耳を傾けながら身を縮めて歩き廻っていた。私もはじめは塊の中に居たが、そのうちに寒さに堪えきれなくなり、そこを抜け出て歩き始めた。こうした歩き組の中には、知り合いのオランダ人Pさんや、同じ研究室のM教授夫妻の姿もあった。

なお、この日の集会では、ラッセル演説に続いて、法廷では退けられたポーリング教授の証言原稿が朗読され、またワトソン－ワット卿が「ミサイル防御用のレーダーの犯す間違いの危険性」について述べた。その他の発言者にまじってレドグレイヴ嬢も、「一市民の立場から」意見を述べ、集会は四時ころ解散した。ただでさえ暗い北国の冬空は、すでに夜の気配であった。

終ってみると、Sも私もすっかり身体が冷えきっており、広場からは比較的に近い彼のアパートに転げ込み、ウイスキーで暖をとったことである。私は一九五八年から六三年までの五年間ロンドンに住んだが、この日の体験ほど深い感銘を受けたことは、他になかったと思う。そのような訳で、以後私のラッセル熱はいよいよ高まり、彼に傾倒して行くこととなった。

「ラッセル自伝」――三巻よりなり、それぞれ一九六七、六八、六九年に出版されている――によると、彼の一生は、単純ではあるがしかし圧倒的に強い、三つの情熱によって支配されていたという。第一の情熱は、異性への憧れに対するものである。四度の結婚を含む愛の遍歴のことを思えば、理解されよう。第二は、知識の探求に向けられた情熱である。哲学、論理学、数学に関するライフワーク的な大著――『プリンキピア マテマティカ』、『人知、その範囲と限界』――を始めとして、科学、道徳、社会、教育、宗教、政治、さては短篇小説にまで及ぶ厖大な量の著作が、この情熱の証左である。因みに、一九五〇年のノーベル賞は、彼自身もいささか意外だったと言うように、『結婚とモラル』――一九二九年刊――に対する文学賞であった。そして第三の情熱は、人類が経験しつつある様々な苦難への堪え難いまでの思い、である。生涯を通しての平和・反戦主義者としての献身も、その原動力はここにあったかと思われる。

しかし、一九五〇年ころ以降のラッセルは、第二の情熱よりも、むしろ第三のそれに身を任せて行った、と言われている。一九六二年中に私は、なお数度ラッセルに出会う機会に恵まれたが、実際私の見たのは、この第三の顔をもったラッセルであった。

申すまでもなく、巨人ラッセルの大きな全体像からするならば、私がこの年に見たものは、数枚のスナップ写真程度に過ぎない。しかし、そこにもやはり、彼の人となりの一面が写し出されていて、興味深いものがある。当時の新聞切り抜き、私の日記、その他をもとに、それらの再現を、次の㈡以降何回かに分けて試みてみたい。

なお私には、ラッセルとともに想い出すもう一人の人物がある。ロッテ マイトナー－グラーフさんである。同じくラッセル崇拝者であった彼女は、ラッセルの動静などに関する情報を、適時私に提供し、言うなれば、私のラッセル体験への手引きをしてくれた人であった。そこでまずは、彼女に登場願うことにしよう。

㈡一枚の写真

ロンドンは不思議な町である——出会いの町である。あるいはもっと正確に、あった、と言うべきかもしれない。何故ならば、私の語ろうとしているのは、数十年前のロンドンだからである。偶然のことで、あるいは、ほんの僅かばかりの努力をすることによって、面白い人に出会えたのである。ここで「面白い人」とは、私の場合主として、それぞれの分野で歴史を創り、あるいは創りつつある人、およびその関係者、といった人たちを指す。べつに広く知られていなくても、「知る人ぞ知る」人であればよい。

いささか俗っぽい関心で例をあげてみれば、道を歩いていてばったりとチャーチル――当時は公職を退き、マスコミから姿を消して久しかった――の乗ったロールス ロイスに出くわしたり、オペラハウスで隣に坐った人が、大指揮者のオットー クレンペラー――この日は観る人として――だったり、友人の住んでいたマンションで時折見かける老嬢が、ロマノフ王家のプリンセス――ただし自称――だったり……、この種の面白い出会いが、いろいろとあった。

そのような出会いの一つとして、私は、写真家のロッテ マイトナー - グラーフさんを知るようになり、そして彼女の作品、ラッセル像に到達したのであった。

一九六二年三月十日（土）小雨。十一時、Sとボンド ストリートで落ちあい、彼がカメラを物色するのを手伝う。そのあとオールド ボンド ストリートに面白い写真スタジオがあるから行ってみよう、と彼が言うのでついて行く。……

と、当日の日記に書いている。ここに出てくるSとは、当時私の研究室メイトだったチリ人の物理学者で、私とは、ともによく学びよく遊んだ仲である。ラッセルに関しては、彼の方がだいぶ先輩であった。私がいつもカメラを持ち歩いているのを見て、自分も写真をやってみたいと思ったらしい。彼の留学期間は間もなく終ろうとしていたが、帰国してしまえば、祖国のチリは「低開発国」――現実を直視しなくてはと、彼は「発展途上国」という表現を斥けていた――であり、手頃なカメラが手頃な値段では手に入りにくかろう。滞英中にぜひ一台求めておきたいが、その際には、一緒に店に来て、カメラの国から来たカメラ人間としての助言を与えてほしい、と私に言っていたのであった。

そして当日、あれかこれかと迷わないではなかったが、カメラ購入は、日本製の小型カメラ、ということに落ち着いた。一段落したところでSは、ついでに近くにある面白い写真スタジオのショウ ウインドウをのぞいて行かないか、と提案したのだった。そこには王立協会《ロイヤルソサエティ》のそうそうたるメンバーのポートレートが飾ってあるはずだ、というのである。

もしSが、この時このように私を誘わなかったとしたら、あるいは、誘ったにしても、私がそれを断っていたとするならば、おそらく私がマイトナー－グラーフさんを知ることはなかったろうし、……従って、私が表題のような一文をものすることには、ならなかった筈である。

そこはオールド ボンド ストリート二十三番地。この街特有の間口の狭い、しかしロンドンでは最高級とされている専門店が並んでいて、それらに挟まれて小さなショウ ウインドウがあった。そこには予期どおり有名学者のポートレート五、六枚が飾られていたが、私たちの眼は直ちにその中の一枚に釘付けされた。ラッセル像であり、その峻厳さに圧倒されたのである。しばし無言で見詰める中にどちらからともなく「是非この写真を手に入れなくては」ということになった。小さなエレヴェーターで四階のスタジオに昇ってゆき来意を告げたところ、今は忙しいので二時間ほど後に来てくれるように、とのことであった。近くで昼食をすませ、再び訪れた私たちを、今度は秘書が一室に招じ入れてくれた。

中に入るや私たちは、部屋のあちこちに置かれている作品を見て、とにかく驚いた。まさに超一流の人たちの写真ばかりなのである——ネール、シュヴァイツァー、ボーア、メニューヒン、ストラヴィンスキー、……。その中には勿論ラッセル伯もいたのである。「私たちはどうやら、大変な所へやって来たらしいね」と言いあっている中に、スタジオの主マイトナーグラーフさんが現れた。小柄で、真白の髪を簡単に後ろに丸め、黒のワンピースを着ていた。その白と黒とのコントラストが、たいへん印象的であった。童顔ではあるが、六十代後半であったろうか。顔立ちばかりでなく、立居振舞も上品で、「レディ」という言葉にぴったりの、美しいお婆さんであった。非常に話好きであることも、間もなく判った。

私たちが「こちらの大学で、理論物理をやっています」と自己紹介をすると、「私には物理学者の友人が沢山あります」と言う。そして挙げた名前が、ボーア、ボルン、ハイゼンベルク、ワイスコップ、……と、いずれもノーベル賞級の大学者ばかり。「二人とも音楽が好きで、よくコンサートに行きます」と私たちが言うと、オイストラッフ父子やブリッテンの写真などが出てくる。そして、これら物理学者や音楽家たちとの交友関係を、写真つきで語り出す、といった調子なのである。

このようにして見せてもらった作品は、対象がすべて人物だったから、彼女は、一応、肖像写真家であると言えよう。しかし、作品自体は、いわゆる「肖像写真」の型には嵌っておらず、むしろ「芸術写真」の方に近い。人物のポーズや表情の捕え方に、それぞれに応じた巧みで新鮮な工夫があった。例えば、「そしてこれがピアニストのゼルキンのポートレート」と言って示されたのが、ただ両掌だけを撮ったものであった。

余談になるが、以後私は、写真芸術のこのような分野に興味を抱き始め、後に帰国してからも、林忠彦氏や濱谷浩氏らの作品をあらためて鑑賞し直したものだった。それはともかく、その日のSと私は、ただ驚きながら、彼女の作品群に見入っていた。

とこうする中に、彼女がウィーン生れであり、かのリーゼ マイトナーの姪であるということが判った。これは物理をやっている私たちには、まったく嬉しい驚きであった。因みにリーゼ マイトナーとは、一八七八年ウィーン生れの女流物理学者。一九三八年、その頃ハーンとシュトラスマンが見出していたウラニウムに関する奇妙な実験結果が、実はウラニウム原子核の核分裂であることを、甥のフリッシュとともに、初めて理論的に確認した。言うなればリーゼ マイトナーは、原子力エネルギーの現実性を認知した世界で最初の人なのである。

私たちがラッセルの写真を譲ってもらえないかと申し出たことから、話は自ずと彼のことへ移って行った。彼の核兵器不使用のための行動、とくに雪のトラファルガー広場における行動に、深い感銘を受けたことを話すと、彼女もその日広場に居たと言う。そしてラッセルを中心とするこの国の核兵器反対運動――「CND」「百人委員会」「パグウォッシュ会議」「オルダーマストン行進」等々について、自らの見解をまじえつつ、いろいろと話してくれた。とくにパグウォッシュ会議では、第三回のキッツビューエル・ウィーン会議以来、会議の公式写真を撮っている、とのことであった。

ラッセルの沢山の写真の中から私たちは、やはりショウ ウインドウに出ていた一点を選び、三枚のコピイを注文した。スタジオを辞したのは、四時近くであった。

私たちは二人とも、すっかり彼女を好きになっていた。二時間余りも初対面の私たちと付き合ってくれたことから、彼女の方も私たちに好意をもってくれたのではないか、と想像した。

四月末、写真を受け取りに、今度は一人でスタジオへ出掛けた。Sはすでにチリへ帰国してしまっていたからである。この時も一時間余り話し込んだ。話題は、当の写真から始って、結局ラッセルをめぐる話に終始した。

しかしこの会話の中で彼女は、私が「おや」と思うようなことを呟いたのだった。

「ラッセル自身は、この国のいろいろな核兵器反対運動――彼が現在行動の基盤としている百人委員会は別として――を、どの程度支持しているのでしょうか。皆さん最近は、核兵器廃絶という大目的の他に、広くいろいろなことをやっていますからね」と。ラッセルといえば、いずれの運動にも設立当初から深く関わっており、それ以後も各運動の象徴的存在となっている。それなのに何故彼女が――と私は思ったものである。

しかし、話を聞いているうちに、彼女の言わんとしているのは、おおよそ、次のようなことらしいと分った。すなわち、どのような組織も、時間の経過とともに、当初の目的意識は徐々に薄れて行く。他方、組織を拡大し、より多くの同調者を獲得するためには、本来の目的以外のものをも運動方針の中に取り込んで行くこと、が必要となる。その結果、本来の目的は、たんに多のうちの一となり、影が薄くなってしまう。これに反してラッセルにおいては、問題は唯一つ——核兵器の不使用——なのである。何故ならば、核戦争が起ってしまえば、人類はもはや存在しないであろうから……。

こういった彼女の話を聞きながら私は、先日のオルダーマストン行進での一光景を思い浮かべていた。CNDが主催するこの行進は、毎年復活祭の休暇中の四日間をかけて、トラファルガー広場から、核兵器研究施設のあるオルダーマストンまで、あるいはその逆のコースを、示威行進するものである。この年は逆のコースで、私は行進が市内のハイド パークで大休止した辺りで、飛入りした。しかし、この公園での昼食風景は——例えば手押車に幼児を乗せた夫婦も混っていたりして——さながら盛大なピクニックであった。運動のこのような傾向が、目的意識を弱めてしまうことを、ラッセルは懸念していたのであろうか。

そのことはともかく、彼女による、このラッセル学第一講は、私には大いに参考になった。帰り際に、「来月の十九日に、ロイヤル フェスティヴァル ホールで、ラッセルの九十歳の誕生日を祝うコンサートがあります。ぜひ行かなくてはね」と彼女が言うのに、「今度はそこでお会いしましょう」と約して別れた。

その日受取った三枚のコピイのうち、一枚はSに送り、一枚は「ラッセル・アインシュタイン宣言」の署名者でもある湯川秀樹先生に差し上げる積りであった。三枚目のコピイは、もちろん自分用であり、現在は私の書斎に掲げてある。左の写真がそれである。印刷のため本物の質を十分に伝ええないのは残念だが、致し方ない。

いま私は、本稿を草するにあたって、このラッセル像を机上におき、静かに眺めている。私たちが、少くともSや私が、彼の人格の中に見る特質が、ここにはよく現れていると、つくづく思う。そしてあらためて、撮影者の力量と芸術性とに思い及んでいる。

この写真は、首をやや左に向けたラッセルを、前方から撮っている。パイプを鷲摑みにした右手が、胸の辺りまで持ち上げられているが、これがアクセントとなって写真全体に緊張感を与え、また左右の釣合いに安定感をもたらしている。口元から右顎、そして頸にかけての彫りの深い線は、彼の精神の長年にわたる不撓不屈の記録である。左前方に居る人が話すのを注意深く聴き入っているかのようであり、話の中に不正や誤魔化しがあれば、いかに小さなものであろうと決して見逃さぬ、といった集中力と厳しさが、その眼から窺われる。

この写真が撮られた当時は、冷戦の真只中であり、この年の秋には、すわ核戦争かとも思われたキューバ危機が勃発している。これは、そのような状況におけるラッセル像であることを念頭において頂きたい。この顔をしたラッセルの前では、ケネディであろうとフルシチョフであろうと、はたまたマクミランであろうと、核政策や軍縮などに関して、決しておざなりの発言などできなかったに相違ない——と思わしめるものが、ここにはある。

マイトナー - グラーフのラッセル像（Lotte Meitner-Graf Archive 提供）

私は、数あるラッセル像の中でこの写真が、なんといっても、一番好きである。先にも述べたように、私が彼に対して抱いているイメージそのまま、だからである。おそらくこれは、彼女の全作品の中でも、傑作の部類に属するのではなかろうか。

写真のコピイの一枚を湯川先生に差し上げる機会は、間もなくやって来た。九月にパグウォッシュ会議がロンドンで開かれ、先生も出席されたからである。私も先生のお供をして出席し、報告書の整備などのお手伝いした。会議第一日目の夕方、王立協会主催のレセプションがあり、その席で、私がマイトナー‐グラーフさんと話していると、先生が「君はご婦人に人気があるんですね」と、にこにこしながら近付いてこられたので、先生に彼女を紹介した。

先生が帰国されるとき、ヒースロー空港で、この写真を「パグウォッシュ土産です」と言って手渡した。搭乗手続きをすべて終えると、先生は漸くくつろがれたらしく、ベンチに腰を下ろすや写真を鞄から取り出して、「ほう、これが君のお友だちの作品ですか」と感慨ぶかげに眺めておられた。

マイトナー‐グラーフさんとは、年内にさらに何度か会った。しかし、翌年の春に私は帰国してしまったので、以後の交際は、時折の文通程度に止まることとなる。一九七二年の夏、久々に一ヶ月余り、古巣の研究室に滞在する機会があり、早速私はロッテ——この頃は彼女の提案で、互いにファースト ネームで呼び合うようになっていた——を訪れた。彼女も十年ぶりの再会を喜んでくれ、「今度はあなたの写真を撮りましょう」と言い出したのである。「私は到底あなたのカメラに値する人間ではありませんから」と辞退したが、結局撮ってもらうこととなった。

後日私は、改めてスタジオを訪れ、二時間余り、彼女のカメラの前に坐った。この間彼女は、絶えず私の気を惹くような話を口にしながら、五、六十回は、シャッターを押していたかと思う。「ラッセルさんを撮ったときも、同じようだったのですか」との私の問いに、「どなたでも、最初の一時間ほどはカメラを意識するので、無駄撮りなのです。本当の仕事は、そのあとから始まります」と彼女は答えていた。

帰国して半年ほど経つと、沢山の写真が送られて来た。私は、写真のお礼にと、彼女の好きな和紙を送った。程なくして彼女の秘書から、一通の手紙が届いたが、そこには、「ロッテ マイトナー－グラーフは、あなたの贈物が到着する前に、亡くなりました」と書かれていた。

(三) 小さな大著

ラッセルは一八七二年生れであり、一九六二年五月十八日に第九十回目の誕生日を迎えた。誕生日の翌十九日に、誰でも参加できる大きなお祝いの会が開かれ、私もこれに出席した。

五月十九日（土）、ロイヤル フェスティヴァル ホールでの、お祝いの会については、四月にマイトナー‐グラーフさんから聞いていたから、私は、予め十シリング（約五百円）の入場券を買って、待機していたのであった。

このロイヤル フェスティヴァル ホールは、私にとってなつかしい場所である。私の滞在当時、ロンドンでの第一級のコンサートは殆どここで行われ、月に何回も通ったものである。

チェアリング クロス駅で地下鉄を降り、テームズ川を渡ると、川べりの広々とした敷地に建てられている。音響効果も悪くはなかったが、私は何よりも、この建物のたたずまいが好きであった。コンサートの始まる前に、川に面した二階の食堂で、夕食をとることにしていた。窓越しに、淙々と流れる豊かな水嵩を目で追っていると、心もともに運ばれて、コンサートの始まる前からすでに、音楽の世界へと導かれて行くように感じたものである。

お祝いの会は三時開始であった。座席指定ではなかったので、よい席をとろうと早々とホールに入ると、ロビイにラッセル伯夫妻らの姿が見える。十二シリング六ペンスの「献呈《トリビュート》プログラム」を、チリへ帰国してしまった友人のSに送る分とあわせて二部求めた後、テラス席の第一列に陣どる。大きなホール（座席数約二九〇〇）ではあるが、殆ど満員となった。やがてロイヤル ボックスにラッセル伯夫妻の一行が現れると、全員が立ち上がり、拍手をして迎えた。

会はコンサートから始まった。ロンドン交響楽団の出演で、指揮コリン デイヴィス、ピア

ノ独奏リリー　クラウス。プログラムによると、両者ともラッセルを尊敬していて、この日のコンサートの実現に、最大限の協力を惜しまなかったという。曲目はラッセルの好きな作曲家のものをということで、先ずストラヴィンスキーの「誕生日のための小品」と「ハ調の交響曲」、ついでモーツァルトの「ピアノ協奏曲K四六六」と「交響曲第三九番」とであった。

コンサートは、簡素な舞台姿そのままの、飾り気のない清楚な演奏で知られるクラウスの特質がよく現れ、これが当時三十四歳のデイヴィスの溌剌さとうまくかみ合って、非常に清新な感じのものとなっていた。

演奏が終るとステージには、オーケストラに代ってラッセル伯夫妻を中心に、ラッセル一族の人々が席につき、「献呈の部」となる。司会者によると、この同じ日に、世界のあちこちでお祝いの会が開かれているよしで、その中には日本も入っていた（帰国後知ったことだが、私の伯父石堂清倫ら同志が小集会をもち、ラッセルへの連帯を表明した手紙を送ったとの由）。

お祝いのメッセージが次々と読みあげられる——ネール、フルシチョフ、ウ　タント、シュヴァイツァー、マーティン　ルーサー　キング、ポラニイ、クワイン、ハックスレイ、ボーア、オッペンハイマー、ムーア、ミロー、バーンシュタイン……、延々と続いた。なかに日本からというので、耳をそばだてると、浜井信三広島市長、森戸辰男広島大学長からのものであった。翌日の新聞によると、約五十ヵ国から、各界の人たちがお祝いの言葉を送ってきたとある。読みきれなかったものを含め、これらは、プログラムに十六ページにわたって収録されていた。

つぎは、お祝いのスピーチとプレゼントの贈呈である。まず、ベドフォード公が、記念のブロンズメダルとこの日のプログラムをラッセルに手渡した後、次のように述べた。「従兄のバーティさん、今日は私の生涯のうちで、もっとも誇らかなときです。私がたまたまラッセル本家の長であったお蔭です。昔からラッセル一族は、自らの信ずるところに従い、そのために戦ってきたのです」と。

スイスの彫刻家ハンス ウィリが、とてつもない大声のドイツ語で祝辞を述べ、自らラッセル像を彫り込んだブロンズのプレートを献呈したのも、女優のレドグレイヴ嬢が、涙ながらに話したのも印象的であった。次々と登壇する人々の中には、アフリカからわざわざ贈物を持参した黒人モーリー ヌコシ氏の姿もあった。

さて、この日のクライマックスは、もちろん、最後に行われたラッセルの挨拶である。彼自身「自伝」の中で、「この日の催しのすべては、私の予想した以上に盛大で素晴しいものであった。ために私はまったく感動してしまい、はたしてお礼の言葉が口を出るかどうか、心配したほどである。けれども有難いことに、ともかく言葉は出てくれた。私のそのときの感動を、そのときの言葉以上にうまく表現することはできない」――と、このように述べている。よほど気持が張りつめていたもののようである。

彼がマイクの前に立つと拍手がなり止まず、やおら右手を挙げてそれを制してから、口を開いた。三ヵ月前のトラファルガー広場での抗議集会では、あれほど力強く演説していたのに、この日の声は打ちふるえ、殆ど聞きとれないくらいであった。

「友人諸君《フレンズ》。私の只今の心境を、どのように申したらよいでしょうか。本当に、言葉では表現できないくらいに、感動しております。（中略）

元来私は、たいへん単純な信条をもった人間なのです。そしてその信条とは、次のようなものです。私たちが生き、楽しみ、そして美しいものを味わうことの方が、泥にまみれて死ぬよりもよいという、ただそれだけです。今日演奏されたような音楽を、じっと聴いておりますと、こうした音楽をつくり出し、そしてそれを聞きうるという状況は、大切に守ってゆかねばならず、つまらない争いのために台無しにしてしまってはならない、とつくづく思います。これは、たいへん単純な信条だと、皆さんはお思いでしょうが、本当に大切な事柄は、実際、非常に単純なものなのです。（中略）

長い間、迫害や非難や罵りを受けてきた私が、本日はそれに代って、このように皆さんから祝福されながら立っているとは、まったく夢のようです。このため、いま私は、非常につつましやかな気持になっております。そして、このような機会を与えて下さった皆さん方の思いに沿って、私はこれから生きてゆかねばならない、いなそのように生きるに違いないと感じています。皆さん方に、心の底からお礼を申し上げます」

この日の彼は、自分でも述べているとおり、まったく、しおらしさそのものであった。そしてこのことが、却って、この場に居あわせた多くの人々の感動と共感をよんだ。

閉会の前に、一通の手紙が読みあげられた。それは、ウェザースフィールド基地でのデモを指導したかどで投獄中の、百人委員会の幹部からのものであった。——「ちゃんとした形でお祝いがしたかったのですが、叶いませんので、手紙という非合法な形をとることに致します。いつもお宅で頂いている素晴しいウィスキーだったらよかったのに、と思いながら、代りにココアの入った茶碗をば高く挙げ、乾杯致します」

お開きになった後も、しばしその場を立ち去り難かったので、ホールのバーでコーヒーを飲んでいると、友人であるオランダのP夫人と、韓国のK氏とがやって来た。ともに、チリへ帰国したSをよく知っている人たちである。そこで、私がSのために買っておいたプログラムに、三人で寄書きをすることにした。「あなたも今日ここに居て、私たちと、この感動をともにすることができたらよかったのに」と、私は書いた。

さて、当日の「献呈プログラム」であるが、その最後のページは、ラッセルの著作リストに当てられている。わずかに六十一冊から成るので、これは明らかに彼の全著作リストではありえない。

よく知られているように、ラッセルは多作な人であった。ある解説によると、彼の著作活動の最盛期においては、大体いつの時点でも、四十冊くらいの本——その主題は多岐にわたる——が印刷にかかっていたよしである。そうした多作の理由としてこの著者は、先ず彼の筆が速かった――殆ど直さなくてもよい文章を、一日に三千語の割合で書くことができた――こと、第二に並外れの記憶力、第三に貴族として独立した環境、そして最後に、しかし最も大きな理由として、深い人道主義的感情の持主であったこと、を挙げている。いったいラッセルは、生涯に何冊の「本」を書いたのであろうか。上に述べたことから推して、それは莫大な数だったに違いない。

このような訳で、件のリストは自選による「主要著作リスト」であると解される。初めから見ていくと、第一冊目が一八九六年の『ドイツ社会民主主義』であり、最後の第六十一冊目が、一九六二年五月十八日（誕生日当日）発行の『世界史、その要約』となっている。この第六十一番目の本の最初の一冊は、この日のお祝いの席上、ラッセルに直接手渡された。一方、出版したての本としてホールの売店にも並んでいたので、もちろん、私も入手しておいた。値段はいくらだっただろう。この本を今も手にしているところだが、当日のコンサートや式典から受けた感動と並んで、これから受けたインパクトもまた大きかったことを思い出す。

しかし残念なことに、この『世界史、その要約』の存在については、世にあまり知られていないようである。そこで以下にその「完訳」を、いなそれ以上の「完全記述」を与えておくことと致したい。ここで「完全」とは、文字どおり「完全」を意味している。小文の限られた紙面で、そのようなことが可能であるのか、と読者はお思いかもしれないが、心配はご無用である。

まず、本書のハードの構造から記述しよう。表が金色、裏が白で、十六・五センチ×十一・八センチの大きさの紙片四枚を、表と裏が交互するように重ね、紙片の長辺が半分になるように全体を二つ折りにし、折線に沿って二ヵ所をホッチキスで止める。これで、表紙、裏表紙がともに金色で、大きさ八・三センチ×十一・八センチ全十六ページの「本」ができ上がる。

つぎに本書のソフト面の記述に入る。金色の表紙には、著者名と本書の英語名HISTORY OF THE WORLD in epitomeとがあり、下方に出版社名がGaberbocchus（ガーバーボックスと読むのであろうか）と印刷してある。表紙をめくると、二、三ページは白い紙で、二ページは空白、三ページ（すなわち扉ページ）には、表紙と同じ事項を繰返し、さらに、「火星人幼稚園での教材として」「フランシスカ シーマソンによる挿画入り」と付記されている。四、五ページは金色で、四ページには、初版年月日、出版社名とその所在地42a, Formosa Street, London W.9. そして下方にPrinted in Englandと記入してある。

そして五ページから、いよいよ本文が始まる。ここには三行にわたって、「アダムとイヴが林檎を食べて以来」とある。ページをめくって、つぎの六、七ページは白い紙で、左にイヴ、右にアダム、両者が向きあって坐り林檎を食べている情景が、線画で描かれている。八、九ページは再び金色の紙で、「人間は、いかなる愚行をも、決して止めようとはしなかった」とある。十、十一ページは白い紙に線画。そこには、戦争を計画するのは独裁者であるが、実際に戦場で戦うのは、彼の意のままに操られている国民に他ならないこと、が巧みに画かれている。

十二、十三ページは金色で、十二ページには、さきの「愚行」を形容して「能うかぎりの」とある。これで本文は終りで、十三ページは、うめ草用の簡単な模様だけである。

十四、十五ページは白い紙である。十四ページには原爆のきのこ雲の写真があり、その傍に「遊星ニュース社提供」と書かれている。十五ページには、大きく「終り《ジ・エンド》」、そして「一九六〇年四月バートランド ラッセル」とある。この年月は、おそらく脱稿のそれであろう。裏表紙は金色で、書名、出版社名、出版年月日の他に、「バートランド ラッセルの九十歳の誕生日を記念して出版、収益はすべてラッセルに差し上げ、自由に使っていただく」とある。

以上が、件の書の完全記述である。本文はただ一つの文章からなり、お約束どおり完訳をすると、「アダムとイヴが林檎を食べて以来、人間は、能うかぎりのいかなる愚行をも、決して止めようとはしなかった」となる。つまり、世界史の本質は、この一文に凝縮されるというわけである。

書名は六語、本文は十九語の一文で、全十六ページからなり、文字どおり「軽薄短小」な本である。しかし、その書名たるや、まことに壮大であり、その内容はずしりと重い。原爆のきのこ雲――しかもここでは生々しい実際の写真が用いられている――が、「終り《ジ・エンド》」の直前におかれていることも、注目に値する。「広島」と「長崎」とでもって、愚行もここに極まれり、ということなのであろうか。あるいは、人間の歴史はきのこ雲と共に終る、を意味するのであろうか。まったく「パンフレット」にさえ及ばない書物であるが、その内容に関する限り、ラッセル自身も主要著作リストに入れて認知したように、まさに一冊の「本」として、大きな意義と価値とをもっている。その後、歴史は大きく変わり、東西対立の図式は崩れたという。しかしそれは、アダムとイヴ以来の人間の愚行の歴史を、忘れることを許すようなものでは決してない。

ラッセルは難解な専門書の他に、一般向けの啓蒙書も数多く書いた。また、自らの見解や、他に向けられた批判を、ウィットの利いた寓話やフィクションの形で発表することを好んだ。しかし、「自伝」によると、自分の意図した要点が、読者には理解されなかった場合も、少くなかったようである。同じく「自伝」によると、この類いの本の何冊かは、彼の友人の「シーマソンたち」の経営する「ガーバーボックス出版」より刊行されたという。そして本書と同じく、フランシスカ シーマソンが、彼の主張の要点をうまく捕えた挿絵を付けてくれたことに、感謝している[1]。

ところで、この「ガーバーボックス出版」なるものは、果していかなる出版社なのか。出版社の所在地「フォーモサ街」は、確かにロンドンの地図には載っているが、……。

読者の中には、あるいは、この「ガーバーボックス」が、「ジャバーワック Jabberwock (V)」に、何となく響きが似ている、とお気付きの方もあるのではなかろうか。「自伝」の中でラッセルは、極めて真面目な顔をして、「ガーバーボックス」は、「ジャバーワッキィ」のポーランド語、とだけさらりと書いている。ご承知かと思うが、「ガーバーワック」とか「ジャバーワッキィ」は、かのルイス キャロルの造語で、彼の「鏡の国のアリス」では、これらは、まったく意味のない言葉、あるいは「無意味」という意味の言葉とされている。そして例えば「ジャバーワック」は、ときに、眼から火を吹く怪獣の名前になったりする。この出版社名、「完訳」を約束した手前あえて訳すとなれば、さしずめ「御《お》腐《ふ》酒《ざけ》出版」とでもなるであろうか。ラッセルの大先輩フランシス ベーコンは、「冗談に本気を混ぜて変化をつけるのは、よいことである」と道破した。冗談に本気を混ぜるだけではなく、本気に冗談を混ぜるラッセルは、この意味でも、ベーコンのよき後継者であったと言える。

この、掌にすっぽり隠れてしまうほどに小さな大著は、以来、私の最貴重蔵書の一つとなっている。

注1) 私の知っている、もう一冊のミニ本に、"The Good Citizen's Alphabet"(1953)がある。

(四)「九十歳であること」

ラッセルの周りには、つねに「事件」がつきまとっていたようである。九十歳の誕生日も、決して平穏のうちに過ぎたわけではない。手許にある五月二十日付の新聞切り抜きの一つには、フルシチョフからの誕生日のお祝いメッセージと並んで、「労働党ラッセル伯を除名か」の記事が載っている。ことの経緯はこうである。

この年七月のモスコウでの世界平和委員会主催「世界平和軍縮会議」に対して、ラッセルは予てより、支持の意向を表明していた。他方、労働党は主催団体が共産党系であるとの理由から、労働党員がこの会議に関わることを一切禁じていた。党の度々の警告にも拘らず、一九一四年以来の党員であるラッセルは、その態度を変えようとはしなかったらしい。

別の新聞切り抜きには、党の事務局長に宛てた彼の手紙が紹介されていて、「あなたは立場上、私に対して何らかの措置をとらなくてはならないでしょうが、私には、支持を撤回しようという意志は毛頭ありません」と述べている。

さて、会議が近づくにつれて、騒ぎはますます大きくなった。「百人委員会」や「CND」が代表をモスコウに派遣することは、以前から決っていた。さらに会議の直前になって、J・D・バナールがラッセルに、代理でもよいから是非出してほしい、と要請してきた。そこでラッセルは、百人委員会のメンバーであるクリストファー　ファーリーを、代理人としてモスコウへ送った。ところが、このファーリーらが、会期中、モスコウの赤の広場で、文書を配り政治集会を開いたから、世論は沸騰した。モスコウでは勿論、このような集会は禁止されており、また客人としての礼儀にもとる行為であるとして、現地はもとより国内でも――平素は非合法行為を認めている人たちの間からさえも――非難が巻き起り、ラッセルはその矢面に立たされることとなった。

しかし帰国したファーリーから報告を聞いたラッセルは、彼の行為を是認し、「中立性を保つ限り、非合法手段であっても、訴え得る機会は逃すべきではない」（『自伝』）との態度を貫いた。そして結局、大山は鳴動したけれども、労働党除名はないまま、一件落着となった。

九月には「パグウォッシュ会議」がロンドンで開かれた。ロンドンの中心部から少し東北寄りの所に「ラッセル広場《スクウェア》」があり、その広場に面した古くてだだっ広い「ホテル　ラッセル」が、その会場であった。

ご承知かと思うが、パグウォッシュ会議――正式名は「科学と国際問題に関する国際会議」――は、一九五五年の「ラッセル・アインシュタイン宣言」を基本理念として発足した。第一回の会議が一九五七年に、カナダ東海岸の寒村パグウォッシュで開催されたので、通常、この地名を冠して呼ばれている。

第一回会議は、ラッセル自身の招きに応じて集った二十二名による小型集会であったが、第十回のロンドン会議は、三十六ヵ国――初めてアフリカ、中近東、南米も加わる――よりの百七十五名、オブザーヴァーも含めて二百名近い出席者となった。議題も前者においては、核兵器や放射能障害等が中心だったのに対し、後者においては、「科学における国際協力」「開発途上国への援助」「科学と教育」といった一般的問題が加えられていた。ハードの拡大が、ソフトの変化を惹き起したわけである。

このような事態に対応してか、今度の会議はラッセル・アインシュタイン宣言の再確認から始めること、従って宣言の署名者はぜひ出席されたいとの要請が、予め関係者に発せられていたらしい。このため日本からは、署名者である湯川秀樹先生と、第一回会議の出席者小川岩雄博士がロンドンに来られ、また、現地に滞在中だった私も、湯川先生の意向で、急遽出席することとなった。

会議初日の三日、雛壇上には、ラッセル・アインシュタイン宣言の署名者たち――ラッセル、ユカワら七名――が、会議の役員とともに着席した。英国政府の科学大臣ヘィルシャム卿が開会を宣した後、マクミラン、フルシチョフ、ケネディ、ネール等々、主要国指導者からのメッセージが披露された。ついで王立協会《ロイヤルソサエティ》会長フローリー卿の歓迎の辞があり、さらに米国およびソ連の学士院からのメッセージが読み上げられた。

続いて、いよいよラッセル――会議の「継続委員会」議長として――のスピーチである。彼がマイクの前に立つと、全員が期せずして立ち上がり、盛んな拍手を送った（スピーチの全文は『世界』一九六二年十一月号に掲載されている）。

彼はまず、「東西両陣営の緊張のもと、八年ほど前に米ソが水爆を所有することとなり、人類は過去の歴史に例を見ないような危機的状況に陥った」ために、「アインシュタインと私は、科学者間に世界的な協力関係を求める呼びかけを行うことを決意した」と、会議の発端を回顧する。それは「科学者ならば、政治家よりも容易に意見の一致が得られると思ったからだ」という。そして「科学者は、自らの研究成果のもつ社会的帰結に対して、大いに責任がある」ことを強調し、「人類の存続という大前提に対する認識を、広く世界に押しひろめ、何人の欲望も、いまや戦争によっては達成できないことを知らしめる」ことが、パグウォッシュ会議の重要な任務である、と結んだ。

ラッセルが話し終えるとともに、再び私たち全員は立ち上がり、拍手でもって彼の労をねぎらい、併せて彼への敬意を表明した。

彼のスピーチを聞きながら私は、さきにマイトナー－グラーフさんが語ってくれたこと――運動の拡大にはまた弊害も伴うこと――を思い出していた。このように大型化した会議、そして二百人にも及ぶ参加者たちを前にして、彼の胸中には、果してどのような思いがあったのであろう。スピーチの中で彼は、「パグウォッシュ運動」という言葉をたびたび用いているが、これに託して彼の伝えんとしたメッセージは、「百万言の議論よりも、核兵器廃絶を訴えての一つの直接行動を」ではなかったろうか。

ラッセルのスピーチでもって開会式は終り、小憩の後、本格的な討議に入った（会議の内容については、岩波新書『平和時代を創造するために』、同『核時代を超える』に詳しい）。七日午後の最終セッションでは新役員の選出が行われ、ラッセルが再び継続委員会の議長に選ばれた。しかし彼の姿は見えず、「疲労のため欠席するが、議長に指名されたことを嬉しく思う」とのメッセージが伝えられただけであった。そして、この第十回会議が、ラッセルの出席した最後のパグウォッシュ会議となった。

ロンドンでの会議のあとラッセルは、北ウェールズのプラス ペンリンにある自宅へ帰った。しかし、ただ安閑として休息の眠りを貪っていたわけではない。

ご承知のように、一九五八年カストロが政権を獲得して以来、キューバと米国とは犬猿の仲にあった。すでに一九六二年九月の段階でラッセルは、各新聞に一文を送り、この両国の一方が他方に攻撃を仕掛けるならば、直ちに世界大戦にまで発展するであろう、と警告していたという。しかしこの警告は殆ど世の注意を惹かなかった（日記によると、私が『ステイツマン』紙でこの一文——と思われるもの——を読んだのは、漸く十月二十八日であった。予言が適中したので、慌てて掲載したもののようであった）。

十月に入って、事態は俄かに緊迫する。ソ連からの援助船がキューバに向いつつあることを知ったケネディは、十月二十二日テレヴィ放送を行い、キューバを封鎖し、またキューバにあるミサイル基地を解体し、援助船を引き返さなければ直ちに攻撃を行う、と通告したのであった。この日の深夜に重大放送があるとのことで、私などはねもやらず、どきどきしながらそれを待った記憶がある。

新聞報道によると、この放送を聞いたラッセルは、夜が明けるとともに——二十三日——五通の電報を打った。その第一はケネディ宛「最後通告は戦争を意味する、気狂いじみた行動はやめられよ」、第二はフルシチョフに宛てた「米国の挑発にのるな」であり、他の三通はマクミラン（首相）、ゲイツケル（労働党党首）そしてウ タント（国連事務総長）宛であった。この五通目の電報では、東西勢力の均衡を保つため、国連に米ソ以外の国のメンバーからなる「均衡委員会《バランス》」の設置を提案したのち、次の言葉で結んでいる——「同調は死に至る。不服従のみが生への希望である」。

その日の夕方、フルシチョフから返電があり、彼が妥協点を求めているらしい気配を察したラッセルは、再び彼に電報を送り、「トルコにある米国のミサイル基地と引換えに、キューバのミサイル基地を撤去してはどうか」と提案する。間もなくフルシチョフが、同じ提案をケネディに対してもち出したことから、ラッセルの意見が、少なくともフルシチョフには聞き入れられていることが判明する。

他方、ケネディからは、彼へのラッセルの電文と同様に、激しい口調の拒否回答が返ってくる。このことに関してラッセルは後に、「ケネディには、もう少し穏やかにやればよかった。しかし、当時の——そして現在も同じだが——米国政府が強硬姿勢を変えるとは到底思われなかったので、致し方なかった」と書いている。

なおこの間に、カストロへも一通の電報が打たれたが、その電文はラッセルならではのものであった——「どうかヒューマニズムのために大いなる行動を示し、ミサイル基地を解体して頂きたい。人類の運命は、あなたの決断にかかっている」。

結局はフルシチョフが一歩退くこととなり、核戦争の危機は間一髪のところで回避された。

後にラッセルは、このような平和的解決に関連して、フルシチョフのとった行動を讃え、また「この一週間は、私の生涯の中で最もやり甲斐のある一週間であった」と語ったと言われている。

このようにラッセルは、いわば国際調停人として、ケネディとフルシチョフ、カストロの中に割って入ったのであったが、果して彼の行動が、実際にこれらの人々に影響を与えたのかどうか――これについては意見の分れるところである。ただラッセル自身は、こう述べている――「権力の高みにあって立往生している人には、そこから降りるための口実を与えてやる必要がある。何の権力もなく、研ぐべき斧すらもたない哲学者なればこそ、そのような口実を与えられるのだ」と。

余談であるが、ロンドンに住む私たちにとって、パニック状態に近かったニューヨーク程ではなかったにせよ、それは極度に緊張した一週間であった。米ソの開戦ともなれば、ロンドンも直ちに核攻撃の標的となることは必至だったからである。私の勤め先の大学では、仕事は平常どおり続けられていたが、夕方ともなると毎日のように集会が開かれ、キューバ情勢の分析、核兵器の効果、核ミサイルの性能等々について話しあっていた。私も、下宿に帰っても落ち着かないので、大抵はこういった集会に出席していた。殆どの人たちは、何とか戦争だけは避けてほしいと願っているのに対し、ごく少数ではあったが、ケネディを全面的に支持し、「もちろん戦争はいといません」と広言して憚らない人もあったのには驚いた。私個人について言えば、ソ連側の態度に窺われる柔軟性に、一縷の望みをつないでいた。
十一月になると、キューバーに代って中印国境紛争が、ラッセルの心を占める。周恩来とネールに書簡を送り、自制ある行動を求めている。そしてこれでもって、彼の一九六二年は漸く暮れた。

手許に日曜紙『オブザーヴァー』五月十三日号の切り抜きが残されている。ラッセル自身の署名入りの一文である。九十回目の誕生日（五月十八日）を前にして書かれたもので、表題は「九十歳であること、そのプラスとマイナス」である。九十歳に及んでの感懐が、彼一流の鋭く強烈で直截的な言葉で語られており、そこからは、ラッセル九十歳の自画像とも言うべきものが、自ずと浮かび上がってくる。それはまた、美しく感動的な文章でもある。以下にその要点を述べておこう。

老齢であることには、プラスとマイナスの両面があるが、後者については明白であってつまらないから、話を前者のみに限るとして、彼は次のように言う。
「老齢は、もし世界の状況を忘れることができるとするならば、文字どおり至福のときである。私個人について言うならば、私は人生を喜ばしくするようなものならば、何でも十分に楽しむ性《たち》である。歳を取ったら世の中から引退し、それ以前に読むべきであったような偉大な書物を読んだりしながら、優雅で文化的な生活を送りたいものだ、と若い頃には考えていた。おそらくそれは、いささか怠惰な夢想に過ぎなかったのであろう。今となってみると、自分が重要だと信ずる目的のために働くという、長年の間に身についた習慣を、いまさら断ち切ってしまうことは難しいのである。たとえ世界が、現状よりはもう少しましな状況にあったにせよ、ただ優雅に暇をつぶすような生活は、私には退屈するだけであろう」そして、

「回顧する期間が長くなるということは経験に実質と重みを与え、その結果、個人や集団の将来を予言できるようになる」と言うとき、彼は、世界の将来をどのように見ているのであろうか――

「一九一四年このかた、殆どすべての決定的な時点で、間違った処理がなされてきた。……わが国について言うならば、空想力を欠き、世界の実状への適応能力を欠いた人たちに指導されているため、もしその政策がこのまま続けられるとするならば、殆ど必然的に、全国民が完全消滅してしまうような道を、ただひたすらに辿ることとなろう。(トロイの敗滅を予言した)カッサンドラのように、私は悪を予言――それを信じてほしくはないが――すべく運命づけられている。彼女の予言は適中したが、私の予言はそうならないことを、私は必死になって願うものである」と。

過去五十年間における世界の変遷は、ラッセルの中に、老齢に特有な変化とは正反対の変化を惹き起こしたとして、彼はさらに次のように言う。

「老齢は静謐をもたらし、一見悪と見えるものでも、窮極的な善への一道程であると見做すよ

うな、大いなる洞察力をもたらす、と賢人たちは確信ありげに語る。私は、しかしながら、そのような考えに与《くみ》することはできない。静謐は、現在の世界においては、盲目あるいは残忍を通してしか達成されないのである」とし、彼の場合には、静謐の境地とは程遠く、「私は、人々が通常、老齢に対して期待するのとは反対に、歳とともにますます反抗者的になりつつある。反抗的なのは、生れながらの性質ではない。実際、一九一四年までの私は、多かれ少なかれ、周囲の世界に気持よく適応していた。そこには確かに悪——それも大きな悪——があった。しかし同時に、それらの悪が徐々に少なくなるであろう、と信ずべき理由もまたあった」とする。そして結論として、九十歳にあたっての決意を、次のように披瀝する。「反抗者としての気質を私はもたないけれども、物事の成り行きが、ますます私をして、状況に忍耐深く黙従することを困難にさせている。ごく少数の人たちが——そしてその数は確かに増えつつあるのだが——私と同じように感じている。命の続く限り私は、これらの人たちとともに、なおも働き続けねばならない」と。

これが九十歳の老人の言葉なのであろうか。依然として衰えぬ気力と情熱のほどに、ひたすら感歎する他はない。そして、ここで示された決意どおり、一九六二年以降も、静謐とは程遠い激動の日々が続いた。主要な活動を挙げると、翌六三年には、彼の平和運動を組織的に行うための「バートランド ラッセル平和財団」および「大西洋《アトランティック》平和財団」を設立、またケネディ暗殺事件に関するウォレン報告に疑問を抱き、「誰がケネディを殺したか委員会」を結成して、自ら議長となる。他方、ヴェトナム戦争の激化とともに、その残虐行為について知らされるや、一九六六年、J・P・サルトル、V・デジェール、I・ドイッチャーらに呼びかけて、「国際戦争犯罪法廷」を組織して、犯罪行為を糾弾した。

このように彼は、第十番目の「十年間《デケイド》」に入っても、なお、休むことも安らぐこともなかった。ただ、最晩年のひとときは、夫人のエディスとともに、北ウェールズの自宅にこもり、いわゆる老人らしい静かな生活を送ったようである。「エディス、散歩に出掛けてくるよ」と、彼女が不在の折にはメモを残し、散歩の途中で出会う隣人には、ときに彼独特の冗談や警句をとばし、来客にはパイプをくゆらせ、ウィスキーを勧めたりしながら、なぜ自分はヘーゲルが嫌いなのかとか、世界平和に対するなお熱い思いについてとめどなく語り、泊り客があれば出迎えて、「スーツケースを運んであげられなくてすみませんね」と言い、……と、このような日々であったと、伝記作者たちは伝えている。

一九七〇年二月二日没、九十七年と九ヵ月の生涯であった。苦難と激動に満ちた一生であったが、「自伝」に次の言葉を残している――「これが私の一生であり、生き甲斐のあるものだった。もし許されるものなら私は、同じ一生を、喜んでもう一度生きるであろう」。

（一九九四）

付記

右は『図書』誌に一九九四年三月から四回にわたって連載したものである。

第Ⅳ部

追想の人びと

金沢・ジュネーヴ・東京 —— 大河千弘君との日々

君に初めて会ったのは戦争末期の一九四四年ですから、もう七十年以上も昔のことになりますね。この年の春、私たちは金沢にあった旧制の「第四高等学校」（以下「四高《しこう》」）に入学したのでした。「理科甲類」（以下「理甲」）は戦時中の政策でか六組に増え、君は一組、私は五組でした。ご存じないかも知れませんが、入学早々から君は有名な存在でした——「金沢一中から来た大変な秀才が居るそうだ。その名は大河、ドイツ語の大河教授の息子らしい」との情報が流れていたのです。

大型の授業や軍事教練・勤労動員などは、理甲が組順に二分・三分して行われるのが常でしたので、君と出会うことは余りなかったように思います。しかし私たちの距離を縮める機会がやって来ました。二年生になった終戦の年の四月、私たち理甲の二十名が金沢医大（現金沢大学医学部）に疎開していた理研仁科研究室の「宇宙線実験室」に勤労動員として派遣されることになったのです（因みに他の同級生たちは名古屋の近くの軍需工場に送られました）。

実験室のリーダーは四高の先輩の関戸弥太郎先生で、私たちの仕事は研究再開のためのお手伝いでした。煉瓦くらいの大きさの鉛運びはムスケル アルバイト（力仕事）でシュメルツ（苦痛）でしたが、統計の初歩とか、真空管を使った簡単な回路作りなどを教わったりもしました。しかし何よりも、実際の物理の研究室とはどのようなものかを知り得たことは、私たちの将来にとって大きな意味を持つことになります。

四月から八月までの動員期間中、仁科先生が二度来沢されました。先生を囲んでの研究会の後は、「薫風会」と称するお茶の会へと移行するのでした。「四高生理研入所式」の記念写真を撮ったのは、仁科先生の最初の来沢のとき（六月十一日）だったかと思われます。その写真では私たち二人が並んで立っていますね。因みに私が仁科先生を見掛けたのは、この二回が最初と最後になりました。

理研へは私たちの他に、一高・自由学園・東京女高師から派遣された人たちも居ました。昼休み時間には、皆でバレーボールをやって打ち興じたのも、なつかしい想い出です。君も私も大活躍でした。

しかし、この平穏も長くは続きませんでした。八月に入ると福井や富山が相次いで猛爆を受けます。次は金沢だろうということで、郊外の湯涌温泉へ再疎開することになります。私たちは温泉の近くの農家に分宿し、八月十五日の午前も、炎天の下、荷車で引越し荷物を運んでいました。

幸い金沢は結局爆撃を受けなかったので、終戦後、二学期からは授業が再開され、ようやく高校生らしい生活が始まりました。君とは昼食時や放課後などに、いろいろと話し合うことが多くなりました。あるとき君が量子力学関係の本をもって来て、「水素原子の問題はこうやって解くんだ」と教えてくれました。もうそんな先のことまで勉強しているのかと、驚きそして感心したのでした。お互いに「大学は物理に行こうや」と話し合ったのもこの頃でしたね。

戦時中の特別措置で官立高校は二年で卒業ということになっていたので、二年生の二学期ともなれば、進学のことも考えなくてはなりません。しかし、とこうするうちに、高校は二年制から元の三年制に戻すということになり、私たちの卒業も一年延期されました。いささか拍子抜けの感もありましたが、それまでは勤労動員のため満足な授業もなかったので、もう一年高校でしっかり勉強するのも悪くはないか、と思い直したことでした。

そんなある日の二人の会話——O「東大の物理へは四高から二名の枠があるようだ」、K「それならわれわれはジッヘル（確実）か」……。というのも、在学中の三年間にただ一度だけ、全校生徒の期末試験の結果が生徒控室に貼り出されたことがありました。それによると理科（あるいは理甲だったか）のトップが大河、二番は亀淵、……となっていたからです。もっとも、それ以外の学期については、何も分りませんでしたが。事態は、しかし、楽観を許しませんでした。大学入試はそれまでの書類選考から筆記試験に戻す、となったからです。

この決定に君などは、おそらく悠々適応だったろうと思いますが、私はいささか慌てました。また受験勉強かとうんざりしたこともあります。しかし救いが現れました。宇宙線実験室のリーダーだった関戸先生が、名大物理の教授に就任されたのです。もともと私は原子物理学の研究者になりたいと願っていたのですが、宇宙線実験も原子物理学の一部、それなら名古屋に行って実験家になるか、と思い始めたのです。関戸先生は小松市出身で、中学の先輩でもあるという気安さから相談したところ、「それなら名古屋にいらっしゃい」ということになり、実質的には名大物理へ〝裏口入学〟(?)する結果となりました。

君のほうは、勿論、予定どおり東大物理へと進み、宮本研究室に入って実験家となりました。しかし私はと言えば、名大では初志を貫徹せず、素粒子論研究室に入って理論家になってしまいました。こうして私たち二人の距離は、地理的にも学問的にも、いよいよ増大することとなります。ただし院生時代に一度だけ会ったことがあります――一九五三年九月十八〜二十三日、京大で行われた「国際理論物理学会議」の会場で。お互いに忙しく、短い言葉を交わすだけで別れました。

しかし神は見捨てず、私たちの距離を再び縮める機会が与えられました――一九六〇年夏のジュネーブで。この年君は〝拡大版新婚旅行〟を兼ねてCERNに長期滞在中でした。他方私は、当時ロンドン大の Imperial College に居たのですが、夏休みはCERNで過ごそうとやって来たのでした。ジュネーブには以前から親しくしていたWHOのA氏夫妻が滞在中であり、例によって居候としてA邸に転げ込んだのです。そして君たち〝O夫妻〟とA夫妻が大変仲良しであることを知らされたのでした。

いま私は、昔の日記を取り出して、私がジュネーブに着いた六月十九日から、そこを去った八月十六日までの一日、一日の出来事を反芻しています。その間マルセーユ大に行った二週間を除き、殆ど毎日のようにO氏やO夫妻のことが記されているのです。お互い久しく会っていなかったのに、直ちに昔の〝四高言葉〟で話し始めたようです。O、A両夫妻は、ことあるごとに夕食をともにし、あるいは夕食後にどちらかの家に出掛けたりして、歓談を重ねていたようです——そこへ私も加わったという次第、もっとも独身の私は常に食客でしたが。

当時はコダカラーのフィルムで写真を撮り、それをスライドにして、プロジェクターで映し出して鑑賞するということが流行っていたのですが、O、A両氏も私もこの趣味を共有していたのです。O氏はスペイン旅行の、A氏は北欧の、そして私はイギリスの写真などを見せ、それを皆でわいわい言いながらコメントし合うのでした。とくにO氏が、レマン湖畔で日光浴中の水着姿の美女を望遠レンズで撮った作品は、実に迫力満点でした。わざわざその目的のために水泳パンツを買い求め、一緒に湖畔へ繰り出したこともありました。またA夫妻を、その友人のスイス人がエーデルワイスの沢山ある秘密の場所へ案内するというので私も同行し、そこでこっそり（？）摘んで来たものの中から、ひとつまみを翌日O夫人に差し上げた、といった記事もあります。

CERNへの往復には、よく君の車に乗せてもらいましたね。そうしたある日のこと、帰りの車が、A邸ではなく、どうやらO邸へと向かっているようなのです。「おい、おい」と問い質そうとすると君曰く――「今晩は俺の所で飯を食うんだ」「そういう事になっているんだ」と。実はその日A夫妻は一泊旅行に出掛けていて、夕食は自分で考えなくてはならなかったのです。そういう事情を予め察知してのO夫妻の深謀遠慮だったのです。君の、どちらかと言えばぶっきらぼうな、そして断定的な二つの言葉が余程嬉しく有難かったと見え、そのまま上のようにカギ括弧付きで、日記に明記しております。

以上、遊びのことばかり記して来ましたが、ただ一日だけ、二人で真剣に勉強したことがありました。その日の記事を引きます。

July 14　晴のち雨
朝O車にてCERNへ。昼食はO氏と職員食堂《キャンティーン》で。話しがあるというので、食後一緒に私の研究室へ。「この式が解けないかね」と彼が示したのは非線形の微分方程式。二人で夕方まで議論したが、手に負えない大変な代物。そのままO車にて帰宅。間もなくO夫人よりtel「食事にいらっしゃいよ」と。再びO邸へ。ビフテキとビール、夜半まで駄弁る。

大河君、そして奥様、本当に楽しい夏を有難うございました。この機会に改めてお二人にお礼申し上げます。それにしてもお互い、若かったのですね。

この夏の後、君と会ったのはただ一度だけ――一九九〇年十二月五〜七日、「仁科芳雄博士生誕百年記念シンポジウム」(於駒込「日本医師会館」)でのこと。二人とも、四高時代に理研と関わりがあったということで招かれたのでしょう。君があるセッションで座長を務め、その前置きに、金沢での仁科先生との出会いについて述べたのでした。

数年前、久しぶりに手紙を出そうと思い立ち、君のアドレスを調べました。が、ぐずぐずしているうちに訃報に接してしまいました。互いに少しは時間的余裕のできた定年後には、せめて文通でも始められたらよかったのに、と後悔すること頻りです。多くの仕事を成し遂げ、これでよしと考えてのことですか、君はこの世を駆け抜けてゆきましたね。ここでも私は君に先行されました。今はただ安らかに休まれよ。

では大河君、さようなら。いずれそのうちにまた――いざよいの月と語れり君のこと。

(二〇一五)

「からたちの集い」をめぐって ―― 黒川正則君とのこと

人間、齢九十を過ぎると、過去の回想に耽るのが唯一の慰めとなる。しかし苦楽をともにした友垣の多くはすでに他界していて、さらに語らい合うことは最早叶わない。ただ時折、夢の中に現れて「まだそちらで粘っているのか」と声を掛けてくれる。そういった友人の一人が、（旧制の）中学・高校では同期だった脳研究の黒川正則君（以下Kと略称）である。しかし彼の場合、夢の中では語り切れないことが多々あるので、代りに筆を執ることとした。

中学での私は先生を困らせる悪戯組の方に加担していたが、Kは静かで大人しい性格であり、そうした悪戯を微笑みながら眺めている紳士組であった。そのためか互いに敬遠気味で、友達付き合いはしなかったと思う。高校ではともに理科甲類（大学では主に理・工学部へ進む）だったが、その後彼は一転東大医学部へと進み、他方私は物理屋となったので、以後二人は殆ど没交渉となっていた。

ところが、ある出来事を契機として両者の親交が始まり、それはKの亡くなるまで続いた。

こうして彼は多くの思い出を残してくれたのであるが、とりわけ三件の出来事が、私の心に深く刻み込まれている。その三件について語るのが小文の目的である。

その第一は、一九五八年ロンドンでの再会と同居生活である。ともに三十一歳になっていた。因みに私は五十六年秋に渡欧し、コペンハーゲンのニールス ボーア研究所に滞在、五十八年十月始めにロンドンにやって来た、同大学インペリアル カレッジで研究のために。すると在郷の中学同級生から「K君もロンドンに居るよ」と知らせて来た。日本大使館でKの住所を調べて連絡を取り合い、「今度の土曜日十時半にピカデリー サーカスで会いましょう」ということになった。こうして十一月八日、恐らくは七、八年ぶりに二人は再会する。Kはブリティッシュ カウンシル（以後BCと略称）の奨学金を得て訪英、私と同じくロンドン大学付属のある病院で神経細胞の生化学的研究をやっているとのことであった。

以後、週末には食事をともにしたり、一緒に美術館やコンサートに出掛けたりしていた。が、そのうちにどちらともなく言い出した――「度々合うのも面倒だから、いっそのこと一緒に住もうではないか」と。こうしてフラット探しが始まる。しかしこれは大変な難事であった。私たちに見合った安くてよい所を探さねばならなかったからである。

私の以前居た北欧では、より安い所はより質素となるが、つねに清潔であった。しかしロンドンでは、より安い所はより汚くなるので閉口した。安い所を求めるなら、都心から遠くへ出なくてはならない。ともあれこうして、テームズ川の南クラッパム地区に適当なフラットを見付けた。しかし引越しのとき、それまでの宿のお上さんに言われた——「そこはあなたのような人の住む地区ではありませんよ」と。

これには注釈が必要であろう。当時のロンドンでは階級（貴族・上流・中流・労働者階級）の区別が厳然としており、しかも住んでいる場所によって人を判断する風習があった。因みにわれわれ大学人は中流の下とされていた。確かにクラッパム地区は殺風景で無味乾燥、都心では少ない黒人も比較的多く見られた。つまりそこは労働者階級の地区だったのである（因みに漱石が一時期住んだのは、地下鉄では隣りの地区である）。

しかし、ロンドン人がどのように考えようと、一度《ひとたび》フラットの中に入れば、そこには二人にとって全く自由で楽しい空間があった。それぞれに個室があり、共通の部屋としてダイニングキッチンがあった。好きなときに寝起きし、好きなときに食べた。唯一の取り決めは、土曜午前に二人で一週間分の食料を買い出しにゆくこと、であった。

そのうちに私どものフラットは、それぞれの友人の溜まり場となり、ときには泊り場ともなった。一方の友人が共通の友人となり、一緒に皆で旅行もした——クリスマスにはパリへ、復活祭《イースター》の休暇にはマン島へと。こうして新しく知り合いになった人々の中には、後に大成した人が少なくない。例えば地球物理のUさんや作家になったKさんのように。

当時は何分にも旅費が文字どおり桁外れに高額なので（ロンドン・東京間の航空運賃は二十

二・九万円、国立大学助手としての初任給は手取りは一・四万円）ヨーロッパへ来ることは二度とあるまいと思い、この機会に〝何でも見てやろう〟と考えた。英国内では比較的費用の掛からないBBC主催の見学旅行をフルに利用し、各地を見て歩いた――エディンバラやオルデバラー音楽祭、湖水地方、シェークスピアの生地や同記念劇場、トーマス ハーディゆかりの地などなど。また国外では、夏休みに二人で北極圏に出掛け、ナルヴィクまで足を延ばした。「夜中の十二時でもカラー写真が撮れるよ」と喜んでいたKの姿を思い出す。フィヨルドの浅瀬にはドイツのUボート（潜水艦）の残骸がなお残されていた。そういう時代のことである。

ところで英国のような古い伝統の国で、しかもロンドンのような大都会で、一人悄然と暮すのはまことに気苦労なことであった、一人小舟に乗って荒海に出る、といった感じか。しかも今日のように情報が溢れている訳ではない。それを得ようと思えば実際に行動し、自ら獲得する以外手はなかった。また査証《ヴィザ》一つ取っても恐ろしく面倒だった――滞在許可、労働許可、（一時出国した場合の）再入国許可、等々。住所を変更すれば一週間以内に報告せねばならない。一人暮しの場合には、つねにこれらすべてに絶えず気配りしていなくてはならない。

しかし、いざ二人暮しとなると、こうした気苦労から一挙に解放された感じがした。べつに互いに助け合おうと意識していた訳でもないのに自ずと助け合い、気苦労が半分以下、否、殆どゼロになったのである。昔の同級生との同居を母に知らせたところ、「それなら一安心《ひと》」と伝えて来た。このことをKに話すと、「自分の母も同じことを言って来たよ。母親ってそういうものらしいね」と呟いた。結果的に気苦労からは解放され、研究に専念できるようになった。

こうしてしばらく暮すうちに、徐々に判って来た、昔は敬遠したKがなかなかの好人物であることを。〝好〟かいなかは多分に好みによるだろうが、彼は正しく私の好みであり、多くの共通点もあるように見えた。ただし彼の方が私よりは一段と上であり、私の欠点とするところが彼にはなかった。例えば議論が白熱化して来ると、私はつい極端な言葉を口にしてしまう。しかし彼はそこで一《ひと》呼吸おいて再考し、そして静かに口を開く。議論の熱気に上せることはなく、つねに慎重で静かな男であった。

にも拘らず、「君はこうしたらよいよ」と忠告めいた言葉を発したことは、同居期間中、一度もなかった。ただ私の方が〝人の振り見てわが振り直〟していたように思う。彼の身近に居られることは、まことに幸いであった。

しかしそれも長くは続かなかった。Kの帰国のときが来たからである、約十一ヵ月の同居の後に。フラット最後の夜は、それぞれがカールスベア ビールや肴を買って来たので、いつもより豊かな食卓となった。彼が「じゃ何ということなしに」と言って乾杯し、夜遅くまで語り合った——英国生活の総括について。

すなわち、この国ではつましい生活を強いられたが、清貧に甘んじることは学問を志した時点では覚悟の上のこと。研究室では雑用がないので研究に専念できた。美術館や劇場などへ足繁く通い、旅行も多く試みた。フラットは皆の溜り場となり、多くの友を得た。つまりは私たちなりに青春後期を享受した。「志を高く保ち、生命の焔を燃やし続けた――か」と私が纏めると、「いやにポエティックになったな」とK、これにてお開き。

（一九五九年）十二月十二日　曇

朝食を急いですませ、Kとともにウォタールー駅へ。ここから〝コーフ丸〟乗客専用の列車が出る。彼が交渉してくれて見送りの私も同乗できた。BC同期でフラットの常連だった女性のTさんとも一緒になり、サザンプトンへ。車中、私が今日の買い物リストを作っていると、傍らでTさんが覗き込んでいる。

港に着いてKの船室を確かめた後、二人で食堂へ。昼食を食べかけていると「見送り客は直ちに下船せよ」とのアナウンス、急いで船を降り桟橋へ。しばらくして食事を終えたKやTさんが甲板に出て来て、下に居る私に向って大声で叫んだ。「今晩メシは炊けるか」「一日に一回マトモなものを食べないと身体がもたないぞ」とK。「早く日本にお帰りなさい」「お茶を買うのを忘れないで」とTさん。タラップが外され船が動き出すと、それに合わせて私の方も動いてゆき、最後は桟橋の突端に立ち、船が彼方の霧の中に消えてゆくのを見詰めていた。

帰りの列車の中でつくづく思った。Kが口にした言葉は、初めて聞く彼からの忠告であった。他方Tさんの言葉は、これからなお数年は英国に留まろうとしている私を、いよいよ感傷的にした。〝明日からは再び一人で小舟を漕いで荒海に出てゆかなくてはならない、大丈夫か〟、との思いが絶えず心中に起伏していた。その晩私は早速Ｋに手紙を書いた、最初の寄港地ポートサイドに宛てて。

三件の出来事の第二は、三角形ａｂｃで象徴的に示される。頂点ａは医学者中井準之助先生、同ｂ、ｃはそれぞれＫと私を代表する。そして例えば、辺ａｂは先生とＫとの関係を表すとする。ここでの中心人物は頂点ａであるが、話の順序として、辺ａｃの形成から始めたい。

中井先生は東大では解剖学の教授であり、神経細胞を培養し、その生長過程の顕微鏡映画を作製したり、その先端の筋繊維との結び付き、いわゆる〝神経‐筋接合〟に世界で初めて成功したりと、その研究において国際的に名を馳せた医学者だったと聞いている。一九七九年、東大定年後は私の所属した筑波大学に移り、教授さらには副学長として七年間にわたって勤務された。学内委員会などでお目に掛かっているうちに、そのお人柄に惹かれ、自ずと傾倒するようになる。先述の映画を見せて頂いたり、寿司屋でお話を伺ったり、先生の案内でお好きな伊豆のあちこちを訪ねたりもした。

しかし、いろいろと伺った話の中で、とくに私の心を打ったのは、先生の一高時代のある行動である。親しい友人の一人が神経衰弱になり、転地療養がよかろうと二人で北海道に渡り、どこか農園のような所に滞在した。始めのうちは徐々に病状が好転するかに見え喜んでいたが、ある日その友人が姿を消し、後に死体として発見された。「現在の私が診断するならば、彼の病気はそう簡単なものではなく、統合失調症だったと思う」とのことであった。

何たる行動であろうか。友人のために自らも学校を休み、北海道まで一緒に出掛けるとは——これぞ〝旧制高校生魂〟と私は言いたい。旧制高校出身者の中には、成人した後々になっても、その行動がなおも高校生然としている人をしばしば見掛けるが、先生こそ正しくその典型ではなかろうか。あるいは「古風で武骨、独歩な学者人生は〝最後の帝国大学教授〟」との評もあるとか。

辺acについてはこの辺りに止め、次に辺abに移ろう。ときはかの東大紛争も酣な折、ところは東大の医学部。当時中井先生は医学部長であり、激しい攻勢の矢面に立たされていた。一日、三人の青年将校（これは先生の表現）が医学部長室にやって来て要望書を突き付けた。そして「これを受け入れなければ我々は大学を去る」と言い放ち、辞表を提出した。結局、辞表は当分学部長預かりとし、後日事が収まった折、本人たちに返されたという。「三人の青年将校とは誰々……」との先生の言葉を聞いて私は仰天した——その中に脳研究所黒川正則助教授が含まれていたからである。

あの静かな男がこのような行動に出るとはどうしたことか。しかし、思えば東大紛争の発端は医学部であり、そこで働くKにとっては、私のような部外者には到底解しかねるような根深い問題があったのだと思われる。しかもKは、中井先生の弟子とも言える存在ではなかったのか。先生の講義を聞いたであろうし、研究対象が同じだったから、研究上の指導も受けていたに相違ない。その先生に対して弟子たる者が……。Kの苦衷は察するに余りある。

しかし、半世紀以上も経った今にして、私はつくづく思う。Kも私もともに、あの人格も学績も立派だった中井先生の下で働く機会を得たことは、正しく僥倖だったとしか言い様がないのではなかろうか。ともあれ、この東大事件は辺bcを一層強化するとともに、三角形abcを完結するものでもあった。

最後の第三件に移ろう。Kは惜しくも二〇〇六年三月十七日に亡くなったが、一年後のちょうど命日に遺族の方々によって〝からたちの集い〟が催された。私の他に東大脳研のお弟子さん三名が招かれていた。はじめにK夫人より「夫は無宗教でしたので、本日の会も彼がよく詠った〝からたち〟に因んだ名前に致しました。またお墓にはただ一字〝憩〟と刻みました」と挨拶があり、献杯の音頭は私が取った。その後発言を求められた私は、まず遺影の前に三十一歳の若きゲーテの詩〝旅人の夜の歌〟の原文と寸心・西田幾多郎訳（〝見はるかす山との頂／梢には風も動かず／鳥も鳴かず／まてしばしやがて汝も休はん〟。但し濁点は筆者）とを認めたカードを捧げ、そして何故ここでこの詩なのかを説明した。

実は私の伯父が、亡くなる一年ほど前から頻りにこの詩や寸心訳を口ずさみ、この詩にまつわる挿話などを周囲の人々に語り続けていたのであった。こうして知ったこの詩が、Kに手向けるには最適だと思ったからである。

ところで私がこのことを話し始めたとき、司会をなさっていたお嬢さんが「えっ」と驚きの声をあげられた。Kもまたこの数年間、この詩やその寸心訳について、大いに関心を示し、京都の法然院にある九鬼周造の墓に刻まれている寸心訳（寸心の揮毫でもある）の写真を撮って来るようにと、お嬢さんに強く求めていたというのである。これは私にとっても大きな驚きであった――Kと私とが同じ頃に同じ詩の、しかも同じ訳のことを思っていたという不思議。

私の場合は単に伯父の影響があったからである。しかしKの場合はどうか。この詩には Ruh（e）（休息・憩）という単語が二回現れる。若きゲーテにとってこの語は、作詩の折のただ一夜の休息の謂だったであろう。しかし老ゲーテや九十七歳の伯父にとっては、永遠の眠りを意味したに違いない。二人よりは年下のK七十八歳においては如何であったのか。私の推測はこうである。

医学者であるKには病床にあっても自らを客観視することができ、自らの死が近いことを予期していたのではなかろうか。もしそうだとすると、彼にとっての Ruh は、他の二人と同じものを意味していたことになる。これが晩年のKがこの詩を重んじていた所以ではなかろうか。それはともあれ、K夫人が墓銘として、ただ一文字〝憩〟を選ばれたのは、まことに適切な選択であった。

黒川君、以上三つの出来事は、私たち二人の絆を、いよいよ強固にするものでした。そしてロンドン最後の夜に語り合ったことが、その後の私たちの生き様《よう》の基礎になった、と私は思います。すなわち、志を高く保ち、生命の焔を燃やし続けることです。
しかしここにおいても君は、つねに五十歩も百歩も私に先んじて歩んでいましたね。東大紛争時における君の鮮烈な行動が、何よりの証左です。そうした君の生き様を、私のつたない語彙をもってしては端的に表現できません。そこで君が敬愛した歌人に助けを求めようと思います。茂吉の一首を引き小文を結びます――

あかあかと一本の道とほりたり
たまきはる我が命なりけり

（二〇一九）

研究室でのサラム教授

パキスタン出身のノーベル賞物理学者アブダス サラム博士（一九二六―一九九六）は、私にとって特別な存在であった。外国人研究者としては、最も長い期間にわたって同じ場所で研究を共にした間柄だからである。ロンドンとトリエステを併せればほぼ六年間にもなろうか――彼の普段着のままの姿を観察するには十分な期間である。以下の小文では、こうした彼の様々な姿を想い出すままに綴ってみたいと思う。いうなれば彼についての点描の一束《ひとたば》である。

先ずは彼の名前から。母語のウルドゥ語では、片仮名で近似すると

ムハンマド アブドゥッサラーム

となるらしい。これらはしかし姓・名ではなく、すべてが彼個人に与えられた名前である――ちょうど英国王室の赤ん坊がシャーロット エリザベス ダイアナであるように。但し最初のムハンマドは彼の父と共有するので両者の関係を示唆するが、イスラム教徒の多くの男子はこの

名前で始まるので姓としての効果はあまりない。そのためか国際人として自らはAbdus Salamとしており、これをアブダス サラムと読むのが一般であった。因みに〝アブドッサラーム〟とは〝平和の使徒〟を意味し、〝サラーム〟だけでは、また別の意味になるらしい。しかし大学の研究室では、秘書をはじめとして彼のことを〝プロフェッサーサラーム〟と呼んでいた。他方、米国からやって来た物理学者の中には、米国流に〝アブダス〟と呼ぶ者もあったが、呼ばれた本人はさぞかし奇異な感じをうけたのではなかろうか。

初めてサラム（以下称号は略）に会ったのは一九五六年九月のこと、米国はシアトルでの国際会議の席で初対面の挨拶を交わした。会議の後私は留学予定のコペンハーゲンに向ったが、その途中英国にも立ち寄り、ケンブリッジ大学に彼を訪ねた。すでに彼はこの大学のP・T・マシューズと連名でくりこみ理論を中心に多くの論文を発表しており、同じ分野に興味をもっていた私は、この機会にもう少し彼と話してみたいと思ったからである。しかし残念ながら、彼はヘルシンキへ出掛けて留守だった。ただセントジョーンズ カレッジの彼の部屋のドアに、〝Mr. Abdus Salam〟とあったのには驚いた。同行した物理学者のO氏によると、この大学では、他大学で学位を取った者は一様にMr.で呼ばれるとの由であった。

一九五七年彼は、ロンドン大学インペリアル カレッジ（以下IC）の物理教室主任P・M・S・ブラッケット教授（ノーベル物理学賞一九四八年）に招かれ、教授として理論物理学研究室の創設を委ねられる。ケンブリッジではサラムの研究指導者だったマシューズも同時に招かれ、サラムの下で〝リーダー〟(Reader――教授の資格はあるが、空席はないので留まる職)となる。両者の上下関係が逆転したことになるが、これもブラッケットがサラムの実力の程を認めていたからに他なるまい。他方マシューズにしても、サラムと共に研究できるのであれば地位の上下などは一切構わない、との心意気ではなかったか。

翌五十八年ブラッケット主任は、開設早々で人手不足でもあろうと、教室に割り当てられたI・C・I・フェローのポストをサラムの研究室に優先的に配分、そこへ私が滑り込んだという次第。その後は研究助手として六十三年春までICに留まった。研究の上でも、趣味の音楽を楽しむ上でも、当時のロンドンは私にとって理想的な場所であった。

英国社会にあってのサラムは、文字どおり、異彩を放つ存在だったと言える。先ずは容貌魁偉。恐らく初対面の人はギョロリとした眼で見詰められると、一瞬たじろぐのではなかろうか。しかし言葉を交わす中に、彼のユーモアと呵々大笑が徐々に緊張をほぐしてくれる。と同時にその身辺には教祖的・カリスマ的雰囲気の漂っていることも判ってくる。

ICこと〝インペリアル カレッジ〟とは、その名の如く、植民地からの留学生を教育するために設けられた、との説明を聞いたことがある。教授がパキスタン人であることから、同国人の留学生が研究室には多かった。彼等によると、「学位取得後は必ず帰国するように」と勧められ、母国での就職についてもよく面倒をみてくれたという。このようなICでの教育経験が拡大・発展して、後年の第三世界における科学教育向上への献身に繋がって行ったのでは、と私は考えたい。周知のように、その成果の一つが、一九六四年イタリアのトリエステに自ら設立した〝国際理論物理学センター〟である（現在は〝アブダス サラム国際理論物理学センター〟と改称されている）。

他方研究の面でも、ICでのサラム主宰のセミナー（週一回）は、程なくロンドンにおける素粒子論研究の中心となってくる。ロンドン大学はいわゆる蛸足大学であるが、この蛸には八本以上の足があり、幾つかのカレッジや研究所、病院等々が市内に散在していた。物理教室をもつ他のカレッジからも、多くの人がこのセミナーにやって来た。例えば、当時ユニヴァーシティ カレッジの講師だった、今は時めくP・W・ヒッグス（ノーベル物理学賞二〇一三年）もその一人である。

セミナーの話し手としても、内外から著名な物理屋がやって来た。F・ホイルやH・ボンディから直接聞く宇宙論の話は迫力があり圧倒された。スイスからはW・パウリもやって来て一週間ほど滞在したとか。サラムは彼を丁重にもてなし、夜のために「ローヤル オペラの切符でも手配しましょうか」とお伺いを立てたところ、「いや面白い所は自分で探す」と断られた。後で聞いたところでは、ロンドン名所で、第二次大戦中も〝We never closed〟だったことを売り物にしているヌード劇場を訪ねたらしい。サバティカルを欧州で過そうという米国人にとっても、ICは恰好の場所だったらしい――例えばM・ゲルマン、F・ロウ、S・ワインバーグ、……。

神童の誉れが高く、十四歳でパンジャブ(当時は印度)大学に史上最高の成績で入学、四年生のときに最初の論文を書く――印度の天才ラマヌジャンの代数的問題をより簡単に解く方法を示したもの。同年、印度政府の奨学金を得てケンブリッジへ……と続く。この初期条件から推しても、彼は生来大変な秀才だった。しかしICで私が見たのは精力的で猛烈な勉強家としての姿であった。この点でも彼は研究室でNo.1だったのではなかろうか。

教授室でのアブダス サラム(1963.3.1筆者撮影)

研究以外の面でも彼は多忙の人であった。パキスタン最高の科学者として、アユーブ ハーン大統領の時代（一九五八―六九）には、その科学顧問となり原子力委員会の設立などに尽力、国際的にもIAEA・UNESCO・IUPAP（国際物理学・応用物理学連合）等々のパキスタン代表として超多忙の中にあった。彼の手提げ鞄の取っ手には、つねに二、三十枚の〝機内持ち込み〟のタッグが着いており、「サラムは時間の大半を機内で過ごすのでは」と皆で言い合ったことである。このような中で第一級の研究を続けてゆくことは並大抵でなかったと思われる。

当時のICは週五日制であり、土曜・日曜ともなれば物理教室の建物は深閑そのものであった。しかし、サラム教授は――出張中でない限り――出勤していた。恐らくは日頃の研究上の遅れを取り戻すためであったろう。週末は家庭サービス専一という西欧型家庭ではなかったのも、この点では好都合だったのかもしれない。

ここで本誌（『窮理』）の読者なら〝如何にしてあなたはサラム教授の週末状態を観測し得たのか。あなたもまた週末に研究室で研鑽これ務めていたからではないのか〟と即断されるかもしれない。確かに週末も大抵は研究室に出掛けていた。しかし、その理由はと言えば、その方が下宿に居るよりも外食や外遊（夜コンサートなどに出掛けること）に便利だったからに過ぎない。

ただ週末の研究室では、サラムの邪魔にならないようにと注意していた。しかし時折トイレで鉢合わせをすることがある。すると彼は「おう、あんたも来ていたのか」と言い、並んで用を足しながら私も「例の問題はまだまだ」などと応じ、話が長引かないようにと努めていた。
ＩＣにおけるサラムについて、もう一つ認《したた》めておきたいことがある。研究・教育の他に、ロンドン大学教授として処理すべき学内問題が多々あった筈である。しかも英国という古風で仕来りを重んずる国においては、教授とは言え、若年の外国人には、やりにくい事がいろいろとあったに相違ない。そういうときに、年長の（六歳年上）の英国人マシューズは補佐役として実に有効な存在であった。「そんな場合にはこうやればいいんだよ」と彼が助言を与えているのを屡々見掛けたことである。なお、当初の研究室には講師としてＷ・Ａ・ヘプナーとＪ・Ｃ・テイラーが居た。

さて次は平日でのこと。何か新しいアイディアがあると私は、サラムの教授室にゆき「五分間ほど時間を」と言って黒板の前で説明する。しかし興味を覚えると彼もまた黒板にやって来て、五分が十分となり三十分となるのであった。このようなとき、彼はポケットから黒褐色の穀粒のようなものを取り出して噛み始める。そしてそれを掌に載せ、黙ったまま私にも差し出す。そこで私も同様に黙ったままつまんで噛んでみる。どうやらそれは香料のようであった（彼の漂わせている体臭はここから来たものらしい）。この香料噛みを私は屡々経験したのだが、他の人との場合は見たことがない――私への特別サービスだったのか。また黒板での計算でミスを犯したりすると、彼は「アッチャー」と奇声を発する。これは私もすぐ真似ることにした。ときにはさらにユーモアも顔を出す。例えば「もしお前の言い分が正しいのなら、俺は脱帽するよ」と言いながら、傍らの鳥打ち帽を態《わざ》わざ被るのであった。閑話休題。

他方、サラムの側に新しい考えがある場合、その説明を彼は数枚に纏め、私の机の上に断りなしに置いておくのであった。書体からして彼からのものだと直ぐに判るので、それを検討した後、彼の所へ出掛けて議論する。大体このような形で二人の共同研究は始まり、そして継続されて行った。

あるとき机上に載っていたのは、十数枚に及ぶ長いもので、始めに〝今度のGの論文はおかしいのでは〟とあり、そのための計算が長々と記されていた。一見して私には次のことが明らかだった――確かにサラムの方が正しいが、それを示すのにこんな長ったらしい計算は不要だろうと。実際、朝永・シュヴィンガー方程式を用いて問題を定式化すれば、ただ一つの接触変換で済む。

この結果は彼を大いに喜ばせた。二人で別々に論文を書くことにし、二論文は某誌に前後して掲載された――サラム論文は十ページ、私のは「もっと長くしろよ」と言われたのだが五ページ。と同時に、この経験から私は判断した、彼は場の量子論の正統的な計算に余り慣れてはいないないなと。


とこうする中に、私には徐々に分って来る。彼の真骨頂は鋭い勘にあることを。ここでいう勘とは、恐らく論理や計算とは相補的なもので、何が物理的に本質的であるのかを瞬時に見抜く直感的能力の謂である。このことを実証する二、三の例を挙げておこう。

一九五九年キエフで行われた高エネルギー物理学国際会議に、名大の大貫義郎氏らが、いわゆる〝坂田模型〟を群U(3)を基に定式化する試みについての論文を提出した。素粒子論における群論事始めの研究である。この論文の重要性に逸早く注目したのが、他ならぬサラムであった。群U(3)はその後SU(3)に変更され〝八道説《エイトフォールドウェイ》〟となるが、その提唱者の一人Y・ネーマンは、当時駐英イスラエル大使館付武官（陸軍大佐）としてサラムの研究室に出入りしていた人である。

また〝ゲージ原理〟の重要性が認識されるずっと以前から、彼は〝強い相互作用〟をもゲージ論的に理解しようと試みていた。不思議なことに、この問題についてはJ・C・ウォードがICにやって来たとき、彼とだけ議論していたようである。彼となら一切の前置きなしで問題の核心に入れたからであろうか。何れにせよ時代に先行した考え方であり、「ゲージ粒子が陽子より格段に重いなどと言うと、皆一様に顔をしかめる」とこぼしていた。ゲージ粒子の質量はゼロが当時の常識であり、恐らく理論重視の人々（例えばW・パウリ）には、こうした考え方は受け入れ難かったであろう――直感的なサラムなればこそである。周知のように、この考え方は後に〝QCD（量子色力学）〟へと発展してゆく。

研究者サラムには、もう一つ不思議な能力が具わっていた。しかし、それが何であるのかを私自身は特定できない。以下に述べる一つの出来事から、読者諸賢に判じて頂く他はない。

サバティカルの一年、ないしはその一部をサラムの研究室で過ごす米国人が多く、その一人がワインバーグ[1)]だったことはすでに述べた。一九六一年晩秋の頃で、ちょうど南部（陽一郎）やJ・ゴールドストーンによる〝対称性の自発的破れ〟の論文が出た直後である。ところでそのワインバーグがこの現象の可能性を、場の理論から公理的にもっと厳密に証明すべきだと言い出し、サラムとその議論を始めた。こういうときの通例で、サラムは私にも加わるようにと言い、三人で議論することとなった。私には当時他に仕事があったが、時折の議論だけならよかろうと参加を決めた。計算は主にワインバーグがやり、その結果を基に三人で議論する、という形で研究は進行した。ワインバーグは大変な秀才で手も早いが、時折要点を見落とすことがあった。

しかし議論の途中で難問が発生し、われわれの行手を阻んでしまった。この緊急事態の最中に、折悪しく、サラムが一週間ほどジュネーヴに出張せねばならなくなった。残された二人は文字どおり悪戦苦闘、しかし数日後、幸いに問題は解決した。そのために、われわれは面倒な場の理論の計算をかなり長々とやらなくてはならなかった。

この結果にすっかり興奮したワインバーグは、早速ジュネーヴに居るサラムに電話で知らせようと言い出した。そこでマシューズに相談すると彼の言うには、「国際電話をするのには、予め事務局の許可を得ておかねばならず、大変面倒だ。しかし電話などしなくてもサラムのことだから、今頃はきっとその結果に気付いているだろう」と。マシューズのこの泰然自若は、サラムと長年研究を共にし、彼のことをよく分っていたからであろう。しかしわれわれ二人には半信半疑であった。と言うのも、実際われわれのやった計算は、出張中にホテルの部屋で封筒の裏に二、三の式を書けば済む、といった代物ではなかったので。

ところがである——研究室に帰って来たときにサラムは、すでにわれわれの結果を予想していたのであった、左程計算が達者とは思えぬ彼がである。結局マシューズの方が正しかったのであり、われわれ二人はただ啞然として脱帽するのみであった。

場の量子論の正統的な——つまりはごく当り前の——計算はしなくても、物理の先が読めるということは、彼には特別な思考回路があり、われわれの場合とは違って、何か捷径のようなものがあったのだろうか。それは先に述べた彼の直感的能力とはまた異質のものの筈である。因みに、多少異なるが似たようなことを私は、印度人の理論家E・C・G・スダーシャンにも感じたことがある。

ここで私は再び印度の天才ラマヌジャンのことを想い出す——通常の数学体系には乗らないが、数学そのものをよく知り理解していたらしい。また最近では、コンピューターのソフトウェアの開発に印度人が秀でているとも聞く。言語構造の相違に、その源があるのだろうか。ともあれ、印度やパキスタンは欧・米よりもさらに遥かな国のように、私には思われてくる。わが人生における不可思議の一つなのである。

終りになったが、サラムと宗教についても一言しておかねばならない——宗教は人間サラムの本質そのものだった、と思うからである。科学と宗教は、常識的観点からすれば、多くの点で対立的な二物である。しかしながらサラムにおいては、これに反し、両者は不即不離の一体であった。このことを示唆する二、三の事実を以下に記す。

ＩＣでの一日、例によって議論のために私は教授室を訪れた。挨拶代りに雑談をしていると、突如彼が口にした――「コーランをあんたは信じないだろうが、だからと言って殺しはしないから安心せよ」と。続く呵々大笑から単なる座興に過ぎないと解したが、これはしかし実に珍しい出来事ではあった。と言うのも、日頃の研究室では自らの宗教について触れることは滅多になく、他の研究者たちと全く同様に振舞っていたからである。

しかしながら、公式《フォーマル》な講演やスピーチでは違っていた。冒頭にコーランの言葉を誇らしく引用するのであった。例えばノーベル賞晩餐会でのスピーチも、〝神の御業に不完全はない〟との意味の一言から始めている。彼の科学研究の原点がそこにあったということであろう。私なりに敷衍すれば、神の作った自然の完全性を、単に dis-cover する（被いを取り去る）ことが、即科学者の営為たるべし、との信念である。従って、通常の科学者にとっては即座に返答し難いような問題、例えば〝何故、自然法則なるものが存在し得るのか〟も、恐らく彼にとっては自明のことだったと思われる。

サラム一家が代々信奉したのは、イスラム教の中では異端的な〝アフマディーア教団〟の教義であった。しかし一九七四年、この教団は法令により、「イスラム教に非ず」と規定されてしまう。国の内憂外患の中、人心を纏めるためのスケープゴートにされたのである。その結果、教団は種々の迫害を受け、サラムも一時国と距離を取る。一九七九年のノーベル賞もパキスタン初の受賞であるにも拘わらず、国家的な行事は何も行われなかったようである。

還暦を過ぎる頃から不治の難病〝進行性核上麻痺〟の兆候が現れ、一九九六年オックスフォードの自宅にて逝去、行年七十。

死してもなお帰国叶わずではなかったかと案じていたが、幸いそれは事なく済んだようで安堵している。今は祖国の教団墓地で父と共に眠っていると聞く。ただ墓碑銘にある〝…モスレム初のノーベル賞受賞者…〟からは傍線部分が削り取られているとか。

長らくオックスフォードの病床にあって、真摯な信者なるが故の祖国における晩年の不遇を、彼はどのように感じていたのであろうか。そこには勿論のこと、後悔などは些かもなかったと信じる者ではあるが、……。

サラムの生涯は、畢竟するに、赫々たる光で始まったが、後年徐々にその輝きが薄れ、遂には悔々たる陰と化してしまった。英雄たちに屢々見るように、彼もまた陰を甘受してそれに堪え、そして最後、悲劇としての幕が下ろされた。長年光の面を多く見て来ただけに、その陰に潜む悲劇性は想像するだに心が傷む。サラムというときに、先ず私の念頭に浮ぶのは、彼のこうした陰の情景なのである。それ故、アブダス サラム博士との日々はなおも続いている。とくに最近は、死が悲愴なればこそ生はさらに英雄的となったのだ、と思い返し自らを慰めている。

注1）一九七九年、電磁・弱両相互作用の統一模型の提唱で、S・L・グラショウ、A・サラムとともにノーベル物理学賞を受けた。

（二〇一七）

藤堂とその妹

1

中野重治の小説『むらぎも』では、ここかしこに藤堂やその妹が登場する。この二人のことを主人公の片口安吉は、多大の情愛をこめて、次のように描写する。先ず兄の藤堂については

《……藤堂は中学の終りごろまでに両親とも失っていた。藤堂は非常な優等生だった。また生れつきのように人にたいしておとなしかった。中学の後半期からこっち、高等学校全部、大学全部、彼は県の給費生で……やってきた。安吉の知るかぎり、新人会のなかでも藤堂はもっとも頭のするどい学生だった。もっとも礼儀正しい学生になっている。おおかた藤堂には、大学を論文を書いて卒業するなどのことは易々たることなのだろう。またちゃんと卒業するということは、学費を出すほうの側にたいして、藤堂として義務的なもの

でもあるのだろう。しかしそういうことが、藤堂に何か影響しているとは安吉にどうしても受けとれなかった。……彼は新人会の仕事に没頭している。いろんな厄介の伴う合宿の主人という役もつとめている。卒業後の職業で金を返済して行くことなどはてんで考えてもいないらしい。彼は国有鉄道のほうの組合と特別の関係をもっていて……将来はその方面で専門にはたらいて行くつもりらしい。そうしてそういうことが、藤堂の場合にかぎって、パトロンとしての育英会がわをあざむくものとも、成算のないむちゃな冒険とも少しも安吉に見えなかった。やせてあお白い彼の肉体が、将来の彼の生活で破壊されてしまうかも知れぬことも――治安維持法の制定は直接にもそれを暗示していた――彼は意に介しないらしかった。おそらく、たった一人の妹の運命をさえ彼は気にしていないらしい。そしてそこに乱暴の影がない。冷酷の影がない。彼についていえば、彼は非常に鋭い頭をふくめたまま肚をすえてしまっていて、そのため、世にもおとなしい姿のままで本質的に過激な人間になってしまっているのらしい。……日常の接触の上で、追分と清水町との両合宿所合併の研究会のときでも、安吉は言葉のやり取りの上で藤堂に引け目を感じたことはない。しかしいつも、心の中で、文字どおりたえず藤堂に引け目を感じてきた。……》

他方、藤堂の妹については

《「もう見えていらっしゃいます。」その言い方、東京言葉に馴れようとして力めている調子が、やはり今日も、仕合せな人にどこまでもついてまわる不幸という考えを安吉に刺戟した。やせて背のたかい兄にたいして、ふとって背の低い丸い妹。顔いろがあおくて目の大きい兄にたいして、顔いろがあかくて目の小さい妹。しようことなし相手のためにはほほえむといった兄にたいして、ふとったからだのなかに震源のようなものを持った、ぶるんぶるん震えの止まぬゴム棒か何かのような妹。そしてその兄のほうが、生活にたいして、将来にかけてねばり強いものを持っているような気が安吉にする。健康でくったくのなげな妹のほうに、こういう娘を搗きくだいてしまわずにはおかぬ不幸が待ちうけているように安吉には思えてならぬ……》

この安吉とは、もちろん、作者の中野重治であり、藤堂とは——本誌（『梨の花通信』）の読者ならばすでにお分りのように——四高時代以来の友人だった石堂清倫がモデルである。さて、中野の描くこの藤堂兄妹像に対して、当人たちは、フィクション外の立場から、以下のような感想を洩らしている。

2

先ず藤堂こと石堂から――以下2章での「私」とは石堂を意味するものとする。

小説の頃の私は東大英文科の三年生であったが、中野のいう通り、学業よりは「東京帝大新人会」の活動に奔走、友人たちと計らって開設した本郷森川町一番地谷の新人会合宿(小説では追分合宿)の世話人をもやっていた。生れて初めて「石堂」なる表札を一家に掲げ、郷里の小松(小説では金沢)からは、高等女学校を出たばかりの妹を呼び寄せて合宿の賄い係とした。因みに、私には一人の姉と一人の弟、そして二人の妹があり、小説のいう「たった一人の妹」とは、私とは六つ違いの上の妹のことである。当時すでに両親はなく、小松の家に残されていた鍋釜をもち、よそゆき用などでは決してない、よれよれのモスリンか何かを着て妹は上京してきた。大正十五年春のことである。

本郷通りの赤門寄りの教会(今はない)と岡埜栄泉堂の間の小路を下りて行くとカフェ エトワールがあり、その近くの三河屋の離れ、これがわれわれの合宿であった。一階には六畳と三畳、二階には六畳、四畳半、それに三畳が一間ずつあった。一階では三畳が妹の居室、六畳は私の寝室兼事務室・食堂・集会場・……であり、二階には常時五名くらいが居住していた。地方から上京者があるときは一階の六畳に泊め、私は妹の部屋に移った。家賃五〇円、宿舎費は一人二十五円、妹の月給は一応五円としていたが、客人の食費を捻り出すため、その五円はしばしば召し上げられた。

このように切りつめた生活を強いられてはいたが、妹はつねに明るさを失わなかった。同宿の連中は彼女のことを桃の花のようだとし、「桃ちゃん」と呼んだ。厳しい日々を送っている者たちは、多分妹の容姿の中に、何か心の安らぐものを見出したのかもしれない。

新人会の合宿は別に下谷清水町にもあり——中野の定宿——、ここの賄いの「おばさん」と妹とはとくに仲がよかった。二人は母娘のような年恰好であったが、いかにして安くて美味しい料理を作るかといった相談を、二人でよくやっていたようである。あるとき、このおばさんが京都から上京した島崎こま子（藤村の『新生』の女主人公節子）を私どもの合宿に連れて来た。彼女らは「三人で一緒に銀座に行きましょうよ」と誘ったのだが、妹はそれをかたくなに断った。その理由はあとになって分った——外出着の一枚もなかったのである。

因みにこのおばさんとは、彼女の合宿に居た後藤寿夫（小説では佐伯哲夫、のちの作家林房雄）のお母さんである。その彼女が「ぜひ息子の嫁に」と妹を懇望した。同宿の内垣安造もまた、熱心な求婚者であった。しかし、こうした申し出を私は受け入れず、同じ年の夏には妹を小松へ連れて帰った。彼女にだけは平穏な将来を、と願ったからである。実家はすでになく、妹二人を姉夫婦に託した。開業医だった義兄は、初め私の社会主義化に激怒したが、自ら二、三の本を読んで完全に改心、「弟妹たちの面倒は私が見るから、お前は運動に専心せよ」と逆に激励してくれた。しかしこの義兄も三年後には急死する。

秋も深まった頃、妹から一通の手紙が来た。そこには「口減らしのため嫁に行きます」とあった。悲痛と言おうか、これは私にはこたえた。あとで聞いたことであるが、妹は風呂敷包み一つをもち、人力車に乗って五里の山道を嫁いで行った。姉の家を発つとき、勝手口から出ようとした妹を見て、向かいの長田散髪屋《らんぱつや》のおかみさんが、「玄関から出まっし（出なさい）」と声をかけてくれたという。妹の相手は、山奥の村での開業医であり、翌年には──唯一の子となる──男児をもうけた。

婚家では夫の父母と同居であり、医業を手伝うかたわら家事を切りまわし、文字どおり、身を粉にして働いたようである。義父の後妻、すなわち姑も同じく石堂家の出であり、妹とは従姉妹にあたる。しかし、心と気性の強い人であったので、妹との間では従姉妹よりも嫁姑の関係のほうが圧倒し、並大抵ではない緊張の中にあったと思われる。姑にはつねに「アカの妹が」という切り札があった。私が婚家を訪ねても、彼女は終始私に対して沈黙を通した。昭和四十六年に妹は夫を亡くしたが、悲しんでいる彼女に対して姑は「泣くひまがあったら念仏申せ」と一喝した。

ただ一人の息子は中学入学以降町に出て下宿、大学を終えた後も帰郷せず、晩年の妹は姑との二人暮しであった。短歌を始めたのはこの頃であったが、おそらくは淋しさをまぎらわせるためであったろう。昭和五十一年三月始め、北陸の山村には春も未だしの頃、夜「お参り」からの帰り、自宅前の小川に落ち、翌朝死体で発見された。死もまたなお苛酷であった。享年六十六。

　後日、この死を中野に告げたとき、彼は無言のままで聞いていた。顔色が青ざめて見えた。おそらくは、かつての自らの予言のことを想っていたのであろう。

　他方、私はといえば、昭和二年大学を卒業、弟妹の面倒を見るべく、いったんは英語教師となることを決意した。府立六中に就職が決まり、同校々長が英文科主任教授市河三喜に挨拶に行ったところ、「あいつはアカだから止めなさい」と教授は言い、代りに自分の助手をそこへ押し込んだ。他に新潟師範や長崎師範にも可能性があったが、どうせまた市河教授が介入するだろうと思い、通常の就職は断念。そのとき「大義親を滅す」などと友人からも言われ、結局、関東電気労組の書記のポストに就いた。その後無産者新聞編集局に移り、翌昭和三年三月十五日の検挙、三年近くの投獄と続く。昭和五年の大晦日、釈放されるや直ちに小松の姉の家に戻り、すでに未亡人となっていた姉の家計を助けるべく奔走した。

　現象的に見れば、中野の言う如く、私は迷うことなく社会主義の道に身を投じたこととなる。おそらく、同じように振舞わなかったことへの後ろめたさから、中野は私の行動を過度に美化して書いたと思われる。しかしながら実情はといえば、右のように、いろいろ複雑なものがあったのである。結果的に、弟妹たちには全くすまないことになってしまった。両親にも、あの世で会わせる顔がない。

3

さて次なる「私」は、当然、藤堂の妹とすべきであるが、すでに故人である。そこで代りに彼女の一子を「私」とし、その私より見た「藤堂とその妹」すなわち「伯父と母」とについて語らせることとしたい。

昭和初期の十数年、私は北陸の山村大杉村（山崎地区・現小松市）で生れ育った。現在は過疎地であるが、当時の地区の戸数は百五、六十、村人は林業、炭焼き、そしてなにがしかの農業に従事していた。小さな子供を除いて、総ての人々がつねに忙しそうに働いていた、というのが子供ながらの印象である。村人は私の家を「番所《ばんどこ》」と呼んでいた。古くは庄屋兼関所といった村の雑役を任されていたらしい。土間の天井には、村人への連絡用の巨大な太鼓が吊されていたことがある。村人はまた私のことを「番所のボク」と呼んだ――村で一人称「ボク」を用いるのは私だけなのであった。何分にも、「番所の嫁は人力車で来た」と大ニュースになったほどの田舎である。

家族は祖父母、父母そして父の妹と私の六人暮し。祖父は地方政治家で村長や郡・県議会議員などを務め、週末くらいにしか家に帰らなかった。父は前述のように開業医、朴訥にして寡黙、いかにも田舎者らしい田舎者であり、医療費の払えない患者には、「金ができたときでよい」と言うような人であった。母は父の仕事を助け、祖母は家の周りにある畠での農作業に多忙であった。その中にあって、一人息子の私はなに不自由なく育てられた。伯父の想像とはいささか異なり、少くとも私から見る限り、平均的な明るい家庭であった。

確かに母は朝から晩まで忙しくしていた。少し暇ができて畳に坐るとすぐに居眠りを始めるくらい、つねに疲れていた。冬には両手の指が赤ぎれで痛々しかった。しかしそこには、苛酷な運命にじっと耐える、といった深刻さはみじんもなかった。いかなる環境にあっても明るさを失わない、生来の楽天性のゆえであったと思う。

母が泣く泣く嫁いで行った、との伯父の説にも異論がある。父母の寝室の押入には、布団の奥に布張りの、かなりの大きさの木箱が隠されていた。叔母（母の妹）によると、その中には結婚前に父との間で交された手紙が沢山入っているとのことであった。もしそれが事実だったとすると、父と母とはなにがしかの程度の恋愛結婚だったことになる。しかし母の死後、その箱は押入から消えていた。生前に自分で始末してしまったのであろう。

姑すなわち私の祖母に対しても、伯父とは違った感情をもっている。父母は「前二階」の部屋で寝ていたのに対し、私は——父母が忙しいので——祖父母と共に「後ろ二階」の部屋で寝ていた。要するに私は「おばあさん子」であり、ときに私を叱る母に対して、祖父母は私を全く叱らず、父母よりもむしろ祖父母のほうになついていた。私には従って、祖母が「きつい人」であったという印象は全くない。

家族の間で伯父のことが口にされることは、殆どなかった。母から知らされていたのは、「伯父さんは小学校から大学まで、ずっと飛び切りの優等生だった」ということぐらいである。しかし母は、世の母親たちのように、「お前もよく勉強して、伯父さんのような人になりなさい」とは決して言わなかった。ともかく私は、伯父が東京でどういう仕事をしているのか、全く知らなかった。しかし伯父のほうからは、時折、なんの前触れもなしに、玩具や本が送られてきた。ただ、「敵中横断三百里」や「怪人二十面相」の愛読者には、伯父からの「心に太陽を持て」や「君たちはどう生きるか」はいささか手強かった。

伯父との関連で、「アカ」という言葉を一度だけ耳にしたことがある。それが何であるのか問い質したいと思ったが、周りの雰囲気から、それは自分で口にしてはならない言葉だと感じとった。

小学二、三年生の頃だったか、伯父が家を訪ねてきたことがある。中には入らず、庭に面した縁側で話しただけで帰って行ったと思う。応待したのは、おそらく、父と母だけであり、祖母はそっけなく振舞ったのであろう。彼女がこのように伯父の存在を無視し続けたことには、いまから考えれば、理由がなかったわけではない。もし彼女が正反対の態度をとったとしたら、祖父が公職を続けて行く上で、いろいろと問題が起ったかもしれないからである。何分にも、昭和の初期は、そのような時世なのであった。

晩年の母は、家事の傍ら歌を作り、そして村人、とくに婦人たちの生活向上に尽力した。婦人会長として会を活性化し、種々の講習会を開いて若い会員たちを指導した。託児所の開設は、とくに村人から喜ばれたようである。小松市の民生委員や厚生・福祉関係の委員なども務めた。こうした活動に対し、昭和四十三年には「中日社会功労賞」を授けられ、死後には叙勲もされた。

昭和五十一年三月始め、母事故死の報に急遽帰宅した私を見て、祖母は「うら（私）が付いとって、こんな死に方させて」と、母の枕辺で泣いた。心臓麻痺のため川に落ちたのか、川に落ちた途端に心臓麻痺を起こしたのか。何れにせよ、「心臓」は母の持病であった。

いま、六十六年の母の生涯を振り返るとき、結局のところ、中野が「くったくのない」とした生き方のできた森川町合宿での数ヶ月が、母の短い青春だったような気がする。それ以後の母は、自らの生き方を自らで考え、それによって自らを律してゆかねばならなかった。しかし合宿では、隣室に居る兄の指図どおりに動けばよかったのであり、その意味で非常に気が楽であったと思われる。おそらく、そうした気楽さがくったくのなさを生んだのであろう。要するにここには、信頼する兄との一体感の再確認があった。この短い青春が、その後の母の支えとなっていたように、私には思われる。

4

人生行路には、いくつかの結節点があり、各結節点においては、その後の進路を決定するために、複数の選択肢の中からただ一つを選ぶことが要求される。いかに確固とした人生観や信念や哲学をもった人であっても、こうした選択は、往々にして、極めて困難な作業となる。結局、思い悩んだ末の選択は、必然というよりは、むしろ偶然に支配されてしまうこともなる。このことだけから考えても、ある人の行動や、さらにはその人の全人生に対して、第三者が一意的で確定した意味付けを施すことは、殆ど不可能なように思えてくる——何しろ当の本人においてすら、はっきりしないことが多いのである。意味付けは、所詮、主観的なものとならざるを得ない。

この点で、人生は万華鏡にも喩えられようか。対象が同一であるにも拘わらず、鏡に映る模様は、見方によって一変するからである。かくて「藤堂とその妹」に対しても、実に三者三様であった。おそらく、三つの模様の何れもが真実であり、何れもが真実ではないであろう。ただ、詩人の直感が見た模様の中には、人生の——もろもろを捨象した末の——裸の姿が映されている、と言えるのかもしれない。

おわりに、当事者の実名を二、三披露しておく。藤堂こと石堂の妹の名前は千代、加賀国松任の生れなので、文字どおり「加賀の千代女」であった。のち亀淵窈《しずか》に嫁して一子迪《すすむ》をもうけた。因みに両者の命名は、漢詩作りや書を趣味とした窈の父亀次郎による。このような訳で、3章における「私」とは、私、つまりこの小文の筆者に他ならない。なお2章の記述に関しては、伯父石堂清倫の自伝『わが異端の昭和史』ほか、私的メモ、本人より直接聞いた話などをもとにした。原稿も閲読して貰ったので、表現上の微妙なニュアンスなどは別にして、大きな事実上の誤りはないと信ずる。

身内の者について書くことは、本来、筆者の好むところではないが、求めに応じてあえて筆を執った。この上は、ただ、小文が亡き母へのレクイエムとならんことをと願う。

（二〇〇一）

最期の日々

本日は、伯父石堂清倫を偲ぶ会に多数お出で頂き、まことに有難うございます。故人も久々になつかしい方々とお会いでき、さぞかし喜んでいることと存じます。

伯父は昨年十一月末、胃の検査の折のバリウムの誤嚥がもとで肺炎を起こし、当時がんを患っていた伯母文子（間もなく他界）と同じ病院に入り、本年一月九日には退院、以後は自宅にて静養しておりました。しかしこの間も軽い咳が続き、時折熱の出ることもあり、八月中旬頃からは症状が悪化、九月一日に亡くなりました。原因は診断書によりますと「肺炎」となっており、結局この病気は根治することなく続いていたと想像されます。

多くの新聞には、当方の不手際から、「老衰」のためと報道されたようですが、正しくは「肺炎」とご理解頂ければと存じます。確かに首から下は老衰状態ではありましたが、上部構造はまったく平常の活動を続けており、この意味でも、老衰とするのは不適当だったろうと思われます。

退院から八月までの半年余りは、先に自宅で静養とは申しましたが、この間における伯父の活動ぶりはまことに凄まじく、目を瞠るものがありました。あるいは死への予感がそうさせたのかもしれません。

先ず、退院して一ヶ月くらいの間に――おそらく病床でその想を練っていたかと思われますが――『日本の軍部』を書き上げました。〝病院と違って家では仕事ができるので有り難い〟と言いながらの執筆でした。これが最後の著書『20世紀の意味』の第五章となりました。その頃、私たち夫婦は見張り役として伯父の家に泊り込んでおりましたが、夜九時を過ぎても、執筆を続けていることが屢々でした。またある朝には、中々起きてこないので心配していますと、〝昨夜はベッドの中でいろいろ考えていると、これまでは全く別々だと思っていた事柄の間に繋がりのあることが分り、興奮して眠れなかった。原稿はまた書き直しだ〟といったようなこともありました。当初の五〇枚の予定は、こうして段々と質的にも量的にも膨らんでいったようです。この原稿を送り出したのち、直ちに次の仕事の準備、さらには文庫版『わが異端の昭和史』の校正へと続きました。

この間にはまた、三つの会合にも出席し、それぞれにおいて元気に発言しています。二月十日の「石堂文子さんをしのぶ会」、三月五日の嶋名政雄著『乃木「神話」と日清・日露』出版記念会、そして七月十九日の自著『20世紀の意味』の出版記念会です。嶋名本の記念会は伯父自身が企画したものであり、主客の澤地久枝氏を著者や彦坂諦氏らに引き会わせることも、目的の一つだったように思われます。自著の記念会のほうは「清瀬シューレ」の主催でした。席上、伯父は十数冊の新着外国本を手にしながら、シューレの〃生徒さん〃たちにいろいろと宿題を出していたようです。

先に〃次の仕事〃の準備をも始めていたと申しましたが、これは伯父のいわゆる「三題噺――レオパルディ・漱石・グラムシ」の計画であります。新しい社会へ如何にアプローチするのか、がこの三題噺の経であり緯であったかと窺われます。因みに漱石は、伯父が小学生の頃から愛着をもっていた作家ですが、人生の終りにまたそこへ還って行ったようです。三月に入る頃からは猛然と漱石を読み始めました。文庫本の『文学評論』二冊には数多くの付箋・傍線そして細かい字での書き込みが残されています。

またこれと同時に、レオパルディ関係の文献の収集に取りかかります。とくに漱石が英訳で読んで感銘を受けたというP・マックスウェル訳『G・レオパルディのエッセイ・対話・思想』をぜひ読んでみたい、というのでした。私がようやく広島大図書館から取り寄せたものは、しかし別の訳者のものであり、伯父にはいささか不満足だったようです。

とこうする中に金沢大の丸山珪一教授が、漱石が読んだとまさに同じ訳を送って下さったのです――次のようなエピソードと共に。すなわち、その原本には「第四高等学校図書室　明治三十六年三月二十八日」の印が押されてあり、そのコピイを作るに当っては、フランス綴じの頁をすべて新たに切り開かねばならなかった、というのです。つまりこの四高本は、購入後ようやく九十八年を経て、初の読者をその卒業生の中に見出した、ということになります。

この話を伯父は、大変感慨深そうに語ってくれた後、さらに次のように付け加えたものです。〝四高時代、英語は大谷正信教授に教わったが、この人は東大英文科の出身で漱石の六年後輩にあたる。漱石と親交のあった人でもあり、おそらく件の本は、その大谷教授からの申し出で購入されたのではなかろうか〟と[1]。因みに、伯父自身も同じく東大英文科の後輩であります。

この頃伯父は主治医に対し、〝先生、来年の三月までは大丈夫でしょうか〟とか〝少くとも三月までは身体を保証して下さい〟などと言っておりました。おそらくこの三題噺は、その頃までに書き上げる積りだったのでありましょう。残念ながらこれに関しては、スケッチもメモも残されておりません。しかし伯父の折々の発言から、私は次のようなものを予想していたのでした。すなわち、従来の如きイズムよりは遥かに広くて自由な立場からの、社会および人間に関する観察と考察、であります。その片鱗は、すでに『20世紀の意味』の「はしがき」に見られます。

清瀬の家を訪れた方は、あるいはお気付きかと存じますが、伯父の仕事机の右手にはつねに、背中をセロテープで補修した一冊のレクラム文庫が置かれていました――『ゲーテ詩集』です。仕事机を隔てて伯父と向いあって坐るとき、右手でこの詩集を取り上げ、その中の一つの詩について語ることが屡々でありました。同じことを何度か聞かされたこともあります。その一つの詩とは、かの「旅人の夜のうた」です。

この詩の訳を伯父は何十種類も見たとかで、その中から気に入ったものを四つ、件の本の裏表紙の両面に書き込んでいます。レールモントフのロシャ語訳、そして西田幾多郎・井上正蔵・小塩節による邦訳三つです。しかし伯父が最高だとしたのは四高の先輩　寸心西田幾多郎の訳です。短い（原語では八行二十四語）ですので引用してみますと、

見はるかす山との頂　梢には風も動かす鳥も鳴かす　まてしはしやかて汝も休はん

寸心訳

因みにこの詩については、次のような記録が残されているそうです。三十一歳の若きゲーテが、チューリンゲン地方にあるキッケルハーン山を訪れ、一週間ばかりをそこの狩猟小屋で過した。右の詩はこのときの作である。彼はこの詩を小屋の二階の板壁に鉛筆で書き付け、署名をし日付――一七八〇年九月七日――をも書き添えた。下って一八三一年八月二十六日――死の七ヶ月前――八十二歳の老ゲーテは再びこの地に遊び、件の小屋を訪れるや二階に直行し、自らの詩と再会する。繰り返しそれを読むうちに彼の頬には涙が流れたが、それを拭うや静かにそして悲しげにただ一言〝まてしばしやがて汝も休はん〟と。しばしの沈黙の後、もう一度窓外の林に目をやり、そしてやおら同行者を促し帰途についた――と、かような話なのであり

ます。

この詩の始めと終りには、Ruh（e）――休息――という言葉が現れます。若きゲーテにとって、このRuhは、ねぐらに帰った小鳥たちのように、小屋のベッドでの一夜の眠りを意味したでありましょう。しかし、老いたるゲーテにとってのRuhには、おそらく永遠の眠りの意味のほうが強かったに違いありません。

何をこの詩がかくも伯父に訴えたのか、心のうちは量りかねます。しかし老ゲーテよりも十五歳も年上となってしまった伯父にとって、Ruhはやはり老ゲーテと同じものを意味したであろうことは疑いえません。二十世紀の殆どを激しく生きてきて、新しい世紀ともなれば、やはり知らず識らずのうちに、Ruhを求める心が頭をもたげていたのではないでしょうか。私がドイツから買ってきた、この詩の朗読のCDを、死の前日も伯父は繰り返し聴いておりました。

東京医科歯科大学に献体された伯父の遺骨は、再来年始めには帰って参ります。納骨のあと墓石の背面に、私はこのゲーテの詩を原語で刻んでやりたいと思っています。

私たちは伯父に百歳までも生き続け、読み、考え、そして書いてもらいたいと願っておりました――が叶いませんでした。そしてあの誤嘸がもしなかったならばなどと、いまもなお悔むこと頻りです。思えばしかし、九十七歳もまた大変な長寿であります。その長い生涯の最後の日々に到るまで、あのように仕事を続けられたことは、伯父にとってこの上もない幸せだった、と思うべきでありましょう。

申すまでもなく、九十七年を伯父は独りで生きたわけではありません。内助の功もあったでしょうし、そして何よりも仕事に関しては、周りの人たち——とくに本日ここにお見えになっていらっしゃる方々から、折にふれ、さまざまな形で提供されましたご助力のお蔭に他なりません。ここに故人に代りまして、改めて篤くお礼申し上げる次第であります。

本日はまことに有難うございました。

（二〇〇一）

付記

本稿は「石堂清倫さんを偲ぶ会」（二〇〇一・十一・〇二、於東京国際フォーラム）における挨拶に加筆したものである。

注1）　大谷正信の四高教授就任は明治四十一年八月なので、伯父の想像は正しくないようである。

結びのことば

一書に纏めてみて改めて思うのは、要するにこれは自分史の資料の一束《ひとたば》ではないか、ということである。〝文は人なり〟は、小人に対しても真なりだったようである。反面、自らを露出し過ぎて、いささか気恥ずかしい感じのあることも否めない。

文中、師の朝永振一郎先生についての言及が多いことにも、今さらながら驚いている。雑文を書き始めた人生後半に、先生の傍らに居たということも一因ではあろうが、学績はもとより、その豊かな人柄に強く惹かれ傾倒していたことが、主な理由だったかと思う。例えば何気ない片言隻句にも深い意味合いや、えも言われぬ味のあるものが多く、これは何処かに書き残しておかねばと思うことが屡々であった。

本書の準備中にコロナ禍が発生し、老軀ではあるがコロリ化せずにここまで漕ぎ着けられたのは、まことに幸いであった。

終りになったが、本書の構成や調整については、日本評論社の佐藤大器氏に、前書同様、大変お世話になった。ここに記して謝意を表したい。

初出一覧

第I部

中谷先生の講演　『図書』二〇〇〇年十月号　岩波書店
文人墨客の交わり――秀樹と宇吉郎　『六花』二〇〇六年十二月　中谷宇吉郎雪の科学館友の会
湯川先生の色紙　書き下ろし　二〇一七年六月
我ガホソ道ノ記　書き下ろし　二〇〇八年十月
ヴォスの「駅長さん」『図書』一九九九年三月号　岩波書店
コペンハーゲンのクリスマス　『中部日本新聞』一九五六年十二月　中部日本新聞社
ホントにホントの話　書き下ろし　二〇一三年
片仮名外来語雑感　『窮理』第四号　二〇一六年　窮理舎　但し表題・内容を変更
Setsuji-ichimotsu soku fuchū　『図書』一九九三年四月号　岩波書店
「かたち」と「なかみ」『かまくら落語』第百五十九号　二〇〇五年三月　かまくら落語会
ちかごろ思うこと　『真樹』一九九五年十月　旧制小松中学四十二回生同窓会
主題と変奏　『Principia』筑波大学「ニュートン祭一九九三」実行委員会
戯論　〝柿くへば鐘が鳴るなり法隆寺〟考　書き下ろし　二〇一一年
緑の丘の風景――昔と今　『リング』二〇一一冬号　日本ワーグナー協会季報

パウゼの楽しみ　『リング』二〇〇五冬号　日本ワーグナー協会季報
ハイゼンベルクと音楽　『数理科学』二〇一二年九月号　サイエンス社
虚構と真実と　書き下ろし　二〇二〇年
私の「二都物語」――金沢とコペンハーゲン　『図書』二〇一九年七、八月号　岩波書店

第Ⅱ部

物理法則の不思議　『図書』一九九二年八月号　岩波書店
アイネ クライネ ナハトフィジーク――冗談物理学入門　『窮理』第一号　二〇一五年　窮理舎　但し表題・内容を変更
少年物理学　『図書』二〇〇九年一月号　岩波書店
先生に叱られたことなど　『科学と技術の広場』第一〇〇号　一九七九年　松井巻之助氏編集
その頃のこと　『坂田昌一コペンハーゲン日記――ボーアとアンデルセンの国で』二〇一一年　ナノオプトニクス・エナジー出版局（近代科学社発売）
三先生コペンハーゲンに現る――私の日記から　書き下ろし　二〇一二年
伏見先生の「ロンドンの一ヵ月」『伏見康治著作集』第七巻月報（6）一九八七年　みすず書房
理と文――あくまでも論理的に　『新しい学生生活を送るために』一九八二年　筑波大学
創り出された自然像　『グレゴリー　物理と実在』訳者あとがき　一九九三年　丸善株式会社

朝永諧謔性とその周辺　書き下ろし　二〇一九年
ワーグナーとアインシュタイン　書き下ろし　二〇二〇年
英雄の生涯　『図書』二〇二〇年七月号　岩波書店

第Ⅲ部

ニールス ボーア――志向と思想　『図書』二〇〇五年十、十一月号　岩波書店
一九六二年のバートランド ラッセル　『図書』一九九四年三、四、五、六月号　岩波書店

第Ⅳ部

金沢・ジュネーヴ・東京――大河千弘君との日々　"Dr. Tihiro Ohkawa ―Contributions and Condolences" 2018 General Atomics, USA.
「からたちの集い」をめぐって――黒川正則君とのこと　書き下ろし　二〇一九年
研究室でのサラム教授　『窮理』第六、七号　二〇一七年　窮理舎　但し表題・内容を変更
藤堂とその妹　『梨の花通信』第四十一号　二〇〇一年　中野重治の会
最期の日々　『偲ぶ石堂清倫』二〇〇三年　「偲ぶ石堂清倫」編集委員会

● 著者

亀淵 迪（かめふち・すすむ）

1927年，石川県生まれ．1950年，名古屋大学理学部物理学科卒．コペンハーゲン大学ニールスボーア研究所（1956年～1958年），ロンドン大学インペリアルカレッジ（1958年～1963年）で研究．その後，東京教育大学（現筑波大学）助教授，教授．理学博士．筑波大学名誉教授．
著書に，
『素粒子論の始まり』（日本評論社），
『量子力学特論』（表實氏と共著，朝倉書店），
'Quantum Field Theory and Parastatistics'（大貫義郎氏と共著，東京大学出版会），
『物理法則対話』（岩波書店），
訳書に，
『グレゴリー 物理と実在──創り出された自然像』（丸善），
他がある．

エッセイ集《しゅう》

物理村《ぶつりむら》の風景《ふうけい》

人《ひと》・物理《ぶつり》・巨人《きょじん》・追想《ついそう》をちりばめた宝石箱《ほうせきばこ》

発行日　2020年11月15日　第1版第1刷発行
　　　　2021年 2 月25日　第1版第2刷発行

著　者 ────── 亀淵 迪
発行所 ────── 株式会社日本評論社
　　　　〒170-8474　東京都豊島区南大塚3-12-4
　　　　電話　(03)3987-8621［販売］
　　　　　　　(03)3987-8599［編集］
印　刷 ────── 精興社
製　本 ────── 難波製本
装　幀 ────── 銀山宏子

ISBN978-4-535-78924-1